中国妇女出版社

图书在版编目（CIP）数据

医师家的宝宝辅食与营养餐 / 徐蕤，徐霏著．—北京：中国妇女出版社，2016.1

ISBN 978 - 7 - 5127 - 1171 - 6

Ⅰ．①医… Ⅱ．①徐… ②徐… Ⅲ．①婴幼儿—食谱 Ⅳ．①TS972.162

中国版本图书馆CIP数据核字（2015）第236905号

医师家的宝宝辅食与营养餐

作　　者： 徐蕤　徐霏　著
责任编辑： 魏　可
责任印制： 王卫东
出版发行： 中国妇女出版社
地　　址： 北京东城区史家胡同甲24号　　邮政编码：100010
电　　话：（010）65133160（发行部）　　65133161（邮购）
网　　址： www.womenbooks.com.cn
经　　销： 各地新华书店
印　　刷： 中国电影出版社印刷厂
开　　本： 185 × 235　1/12
印　　张： 13.5
字　　数： 182千字
版　　次： 2016年1月第1版
印　　次： 2016年1月第1次
书　　号： ISBN 978 - 7 - 5127 - 1171 - 6
定　　价： 39.80元

前言

Preface

如果把人生比喻成一条遥远的路，那么陪伴我们到最后的就是我们的身体。从我们呱呱坠地的那一刻，就开始了人生的旅程，良好的体格和健全的心理是健康成长的首要因素。

在我和母亲、姐姐撰写了《医师家的孕期美味营养餐》及《医师家的健康营养月子餐》后，我们又推出了“医师家”系列丛书的第三本，希望跟大家一起交流宝宝辅食制作及营养搭配。

众所周知，宝宝在开始添加辅食直至开始正常饮食这个阶段，是他的人生中关键的时期。良好的饮食习惯、合理的饮食结构等，都在这个时期开始形成。要培养宝宝良好的习惯，需要爸爸、妈妈以及家人的共同努力，不但要在营养搭配上做足功课，更要在制作、口味上摸索创新，否则宝宝很可能因为不好的记忆导致对某种食物有抵触情绪。

每个宝宝的生长发育各有不同，他们的乳牙萌出有先有后，咀嚼功能发育更是各有特点。爸爸妈妈们不应该教条主义，要根据自己宝宝的发育条件，在适当的时候添加辅食，根据宝宝的消化能力调整辅食制作的种类。从宝宝开始添加辅食，到宝宝断奶、开始正常进餐这个阶段，我们应该让宝宝逐渐适应成人饮食的种类以及规律等，从而帮助宝宝在人生道路上迈出坚实的第一步。

制作辅食对于大部分妈妈来说很枯燥，种类也很单一。由于宝宝的生长发育需要，在调味品上有更多的限制，很多妈妈觉得无从下手。的确，辅食远远不如成人餐那样有滋有味，而且味道寡淡，色泽也不是那么诱人。但是，辅食是孩子来到这个世界后除了母乳第一次尝试的味道，我们应该在有限的基础上更多地让他们尝试食物的味道，帮助他们慢慢接受各种食物的滋味。

食物是上天对人类最好的恩赐。它不仅仅是人类赖以生存的能量来源，更应该变成生活中美好的色彩。吃得营养，健康成长，是每个父母对孩子的期望，也是能让孩子走入这个社会的基石。让宝宝迈好人生的第一步，是每个家长不可推卸的责任。

在本书的撰写过程中，特别感谢以下好友给予的帮助和支持：

徐蕤、王金茹、徐霏、徐春海、谢之光、李益民、李凌、赵雅娟、王益明、薛世财、徐春荣、薛捷、杜洪杰、王倩、姚国滟、张苗、杨兴慧、朱锐、王海滨、苗莆

在此还要特别感谢本书的编辑魏可女士，感谢她不遗余力地帮助和支持。

在本书的撰写及菜谱的制作中，难免存在不足之处，希望大家给予指正和批评。

目录

Contents

第四章

7~9 个月宝宝辅食添加 … 43

第五章

10~12 个月宝宝辅食添加 … 87

第六章
常用的辅食制作工具和餐具 127

第七章
宝宝生病时的喂养及养护… 131

附录…………………… 138

第一章　正确喂养，宝宝健康人生的第一步

美好的孕育阶段过去后，家里迎来了新的小生命。足月出生的宝宝肌肤红润、富有弹性，哭声响亮，像是对全世界宣布：“我来啦！”面对小小的宝贝时，第一次做父母的我们难免手忙脚乱。就让我们来简单认识一下新生儿的发育情况吧！

一、新生宝宝的成长与发育

新生宝宝的体重、身高、头围和胸围一般会在以下范围。

☆ 体重：新出生的宝宝体重正常范围在 2.5 千克 ~ 4.0 千克，出生后的第 3、4 天会出现生理性的体重下降，失去的体重为出生时体重的 3%~9%，第 7~10 天可以恢复到出生时的体重，随后会稳步增长。

☆ 身高：刚出生的宝宝平均身长为 50 厘米。

☆ 头围及胸围：新出生的婴儿头围平均为 34 厘米，胸围在刚出生时比头围要小 1 厘米 ~2 厘米。

从宝宝出生到满周岁通常分为两个阶段：新生儿期和婴儿期。新生儿期是指宝宝从出生到出生后第 28 天，婴儿期是指从宝宝出生第 29 天到满 12 个月。在这两个阶段，宝宝经历了从母体到外界、从母乳（或混合或人工）喂养到可以完全食用食物的过程。在本书中我们把这两个阶段统称为婴儿期，处于婴儿期的宝宝生长极为迅速，这是他人生中经历的第一个生长发育突增期，对营养素的需要很高。这个阶段良好的营养状况不但可以为宝宝一生的体格和智力发育奠定基础，还可以预防成年以后各种慢性疾病的发生，科学的喂养和形成良好的饮食习惯对于宝宝来说是非常重要的。

医师家小贴士：

妈妈要注意宝宝是溢奶还是吐奶，这两种情况是完全不同的，溢奶是一种生理现象，而吐奶则是病理性的。如果宝宝出现喷射状的吐奶现象需要及时就医。

刚出生的宝宝胃容量非常小，只有 25 毫升 ~ 50 毫升（相当于一颗葡萄的大小），由于这样的生理特点，宝宝通常很快就会有饥饿感。所以，每当宝宝有觅食需求时，妈妈都要多一些耐心及时地给宝宝哺乳，让宝宝吃饱。随着宝宝的长大，胃容量的增长也是非常迅速的，10 天后就可以长到 100 毫升左右，这时喂奶的次数也会相应地减少。

这个阶段宝宝的胃还呈水平状，贲门括约肌松弛、幽门括约肌紧张，因为“上口松、下口紧”的缘故，容易出现溢奶和呕吐的现象。妈妈在哺乳时要注意姿势，喂奶后最好不要让宝宝立即平躺，可以竖着抱起宝宝并轻拍后背，让宝宝打嗝，减少溢奶现象的发生。

新出生的宝宝口腔很小，腺体的发育也不成熟，唾液分泌少且其中淀粉酶的含量低，不利于消化淀粉。所以要等到宝宝 4 个月左右口腔内腺体逐渐发育完善和淀粉酶逐渐增加后才可以为宝宝添加辅食。每个宝宝的成长发育情况都不同，为宝宝添加辅食的时间要根据具体情况而定，但不要早于 4 个月，应该控制在 4~6 个月。

二、为什么要给孩子添加辅食

当母乳喂养满 4~6 个月后就到了为宝宝添加辅食的最佳时间段了。往往在这段时期内宝宝会出现不同程度的厌奶期，持续 1~2 周，而且存在个体差异，就是说每个宝宝的表现以及程度各不相同。厌奶期是由于处于该时期的宝宝开始逐渐对周围的环境产生好奇，对吃奶开始分心，注意力不集中，并且宝宝开始对吃同一种食物感到单调，有些腻了。在这一阶段妈妈需要注意的是，不要强行喂奶，同时要给宝宝一个安静的进食环境，选择混合喂养或人工喂养的妈妈不要随意地更换配方奶粉的品牌。已经开始食用辅食后，妈妈要注意提供足够的食物给宝宝，不要让宝宝饿肚子。有些宝宝会在这个时间段长出第一颗乳牙，还没有长出乳牙的宝宝也需要

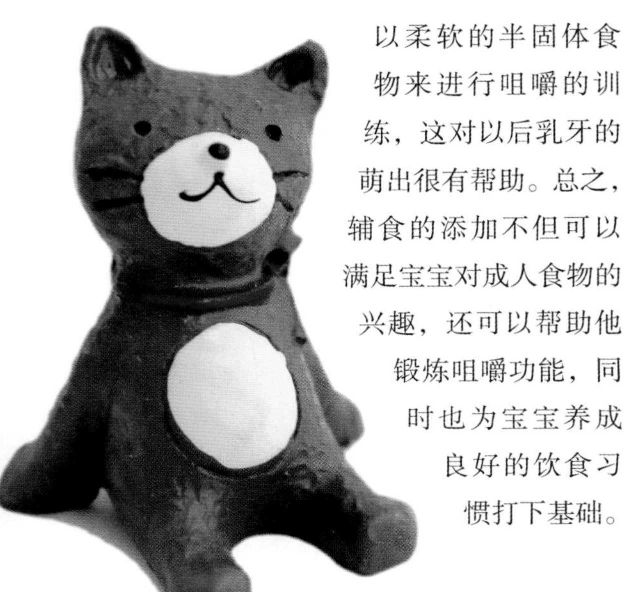

以柔软的半固体食物来进行咀嚼的训练，这对以后乳牙的萌出很有帮助。总之，辅食的添加不但可以满足宝宝对成人食物的兴趣，还可以帮助他锻炼咀嚼功能，同时也为宝宝养成良好的饮食习惯打下基础。

三、宝宝辅食添加的时间和原则

宝宝从出生到6个月龄内最理想的天然食品就是母乳。母乳中所含的营养物质全面，各种营养素比例合理，同时含有多种免疫活性物质，非常适合生长发育中的宝宝。但随着宝宝不断的成长，4~6个月龄后口腔中的淀粉酶逐渐增加，消化系统也逐步地成熟了，对于食物的质量有了新的需求，这个阶段就需要为宝宝添加辅食了。

医师家小贴士：

建议妈妈们为宝宝选择含铁的米粉，因为自母体中带来的铁元素会从宝宝4个月龄时开始逐渐减少，食用含铁米粉可以很好地为宝宝进行铁的补充，预防因缺铁而导致的贫血现象发生。

1. 宝宝添加辅食的时间

宝宝添加辅食的时间由于每个宝宝的发育的情况不同，添加辅食的时间也会有所不同，妈妈们要根据各自宝宝具体的情况来选择适合的添加时间。一般宝宝出现下面的情形时就可以开始添加辅食。

☆ 体重增长已经达到了出生时的2倍。

☆ 吃完250毫升奶后不满4小时又出现了饥饿的现象。

☆ 在24小时内能吃完1000毫升或1000毫升以上的奶。

☆ 月龄达到6个月以上，需添加半固体食物。

2. 宝宝添加辅食的原则

☆ 宝宝对食物要逐步适应。按照先稀后稠、先汁后泥、先蔬后果，最后动物性食物的顺序添加。

☆ 添加时要先选择单一食物，尝试2~3天不过敏后再添加下一种。

☆ 宝宝添加的第1种辅食应该是米粉类，因为大米中的蛋白含量很少，一般不会引起过敏现象的发生。

☆ 辅食的制作要由细到粗，量要由少到多，逐渐锻炼宝宝的吞咽功能。食用辅食是宝宝学习自己进食的第一步，妈妈要多些耐心和鼓励。刚开始时食物要制成汁或泥状，尽可能细腻利于吞咽。喂宝宝时每次的量要适中，不要太多，等宝宝吃完一口再喂下一口，不要着急。随着宝宝乳牙的不断萌出，添加的食物也可以逐渐粗一些和硬一点，这样可以训练宝宝的咀嚼能力。

☆ 添加辅食时要注意所提供的食物应与宝宝的月龄相适应，添加食物的种类要根据宝宝对营养的需求和自身的消化能力来决定。

四、如何判断辅食添加的效果

添加辅食的目的是让宝宝更好地生长发育，并且逐渐形成良好的饮食习惯。添加辅食后可以通过定期监测宝宝的身高、体重等测量方式来判断效果。如果科学合理、及时地添加辅食，大多数宝宝都会发育良好、面色红润、健康有力，其体重、身高、头围和胸围发育会在以下范围内。

1. 体重的计量

一般情况下，新出生的宝宝体重正常范围为 2.5 千克 ~ 4.0 千克，出生后前三个月宝宝每月体重增长为 700 克 ~ 800 克，出生 4~6 个月每月增长为 500 克 ~ 600 克，7~12 个月每月增长为 300 克 ~ 400 克。前 6 个月宝宝体重计算的公式为：出生体重 + 月龄 ×0.6；7~12 个月龄宝宝体重计算的公式为：出生体重 +3.6+（月龄 –6）×0.5；正负不超过 10% 的体重都在正常值范围内。

2. 身高的增长

刚出生的宝宝平均身长为 50 厘米，满

12 个月时平均身长为 75 厘米，一般是出生时的 1.5 倍。

3. 头围和胸围

新出生的婴儿头围平均为 34 厘米，1 周岁时约为 46 厘米。胸围在刚出生时比头围要小 1 厘米 ~2 厘米，6 个月龄至满周岁时与头围基本相同，并且开始超过头围。

五、从小培养良好的饮食习惯

成人的很多饮食习惯都是在幼年时期形成的，从小养成良好的饮食习惯可以避免成年后很多慢性病的发病率，因此在纯哺乳阶段就要开始注意喂奶的规律性，当宝宝开始增加辅食后也要尽可能定点就餐。当宝宝有更多的乳牙萌出后，吃辅食更需要培养规律，可以让宝宝跟大人共同进餐，并且保证每天 2~3 顿辅食，每天吃辅食的时间段要相同。除此之外，每天仍要坚持保证 400 毫升 ~600 毫升母乳或配方奶。当宝宝成长到一定月龄，还要培养和锻炼宝宝使用自己的餐具进食，为今后形成规律的进食习惯过渡。同时要注意在制作辅食时应该遵循细腻、软烂、无盐、无糖的原则。我们的传统饮食中盐的摄入量相对高，这是很不健康的，对于刚刚开始接触正常食物的宝宝来讲，无盐、无糖对于培养以后良好的饮食习惯非常重要。婴幼儿在

成长过程中，由于各个器官发育并不完善，过多的调料会造成宝宝的肾脏等器官的负荷过重，从而对身体健康产生影响。

六、辅食营养需求的特殊性

宝宝在营养方面的需求是有其特殊性的，食物所提供的能量要满足宝宝对基础代谢、体力活动、能量储备和排泄消耗能量及生长发育的需要，所以在添加辅食时要根据宝宝不同月龄的生长特点进行调整。中国营养学会对于婴儿的能量需求给出了以下的建议。

纯母乳喂养婴儿的能量需求

月龄	能量 /（千克体重・日）
1 周	60 千卡 / 千克体重・日
2~3 周	100 千卡 / 千克体重・日
4 周 ~6 个月	110 千卡 / 千克体重・日 ~120 千卡 / 千克体重・日
第 2 周以后 ~12 个月	100 千卡 / 千克体重・日
平均	95 千卡 / 千克体重・日

注：1 千卡 =4.184 千焦；第 2 周以后非母乳喂养方式应在此基础上增加 20%

1. 蛋白质的需求

婴儿早期肝脏功能还不成熟，所需的氨基酸种类比我们成年人要多，除了成人所需的 8 种必需氨基酸外，还特别需要组氨酸、半胺氨酸、酪氨酸和牛磺氨酸的供给，这些都要通过食物来提供。《中国居民膳食营养素参考摄入量》中建议，婴儿的蛋白质摄入量要根据喂养方式而有所不同，其中母乳提供的必需氨基酸比例最适合宝宝的生长发育。蛋白质推荐的摄入量为 2.0 克 /（千克体重・天），配方奶喂养的宝宝为 3.5 克 /（千克体重・天）。

2. 脂肪及碳水化合物的能量需求

《中国居民膳食营养素参考摄入量》推荐的脂肪占比为：0~6 个月龄为总能量的 45%~50%；7~12 个月龄为总能量的 35%~49%。4 个月龄以下宝宝所需的碳水化合物的供能比为：纯母乳喂养为 37%，人工喂养为 40%~50%；4~12 个月龄所需的碳水化合物的供能比为 30%~60%。其中母乳提供的能量占比和各种营养素配比最为合理，脂肪、碳水化合物及各

种营养素都可以通过乳汁获取。人工喂养的妈妈要注意婴儿食品中脂肪和碳水化合物的含量，每 100 千卡的婴儿食品中脂肪含量应不少于 3.8 克且不多于 6 克（能量比要在 30%~54% 为宜）。

3. 矿物质及维生素的需求

宝宝必需又容易缺乏的矿物质和微量元素主要有：钙、铁、锌。可能会因喂养方式不同或生长月龄需要而需补充的维生素有：维生素 A、维生素 D、维生素 E、维生素 K 和维生素 C。

婴儿期主要矿物质需求

月龄	钙（毫克）	磷（毫克）	钠（毫克）	镁（毫克）	铁（毫克）	碘（微克）	锌（毫克）	硒（毫克）
0~6 个月	300	150	200	30	0.3	50	1.5	15
7~12 个月	400	300	500	70	10	50	8	20

婴儿期主要维生素需求

月龄	维生素 A（RE）	维生素 D（IU）	维生素 E（毫克）	维生素 B_1（毫克）	维生素 B_2（毫克）	烟酸（毫克）	维生素 C（毫克）
0~6 个月	400	400	3	0.2	0.4	15	40
6~12 个月	400	400	3	0.3	0.5	20	50

注：RE：视黄醇当量；IU：国际单位，1IU 维生素 D=0.025 微克维生素 D。

七、辅食添加中的误区

1. 母乳喂养的宝宝不用添加辅食

即使是纯母乳喂养，在一定的时间段内也要开始为宝宝添加辅食。

随着科学知识的普及，大多数妈妈都非常认同并遵循了母乳喂养的原则，这对宝宝的成长发育是非常有好处的。但是当宝宝长到一定月龄时就需要为其添加辅食了，这不但是宝宝生长发育的必经过程，也是在帮助他锻炼咀嚼，为他养成良好的饮食习惯打基础。由于每个宝宝发育的情况不同，添加辅食的时间也会有所不同，要根据各自具体的情况来决定，不可以太教条。

2. 宝宝的第一口辅食是蛋黄

宝宝添加的第一口辅食应该是米粉类，因为大米蛋白很少会引起过敏现象。宝宝在刚开始添加辅食时一定要先添加谷类食物，接下来是蔬菜汁、蔬菜泥，水果汁、水果泥，最后才是动物性食物。蛋黄属于动物性食物，所以在宝宝刚开始吃辅食时不宜添加。在这里还建议最好选择含铁米粉，这是因为自母体中带来的铁元素会从宝宝 4 个月龄时开始逐渐减少，食用加铁米粉可以很好地为宝宝进行铁的补充，预防因缺铁而导致的贫血现象发生。最开始添加辅食应该以简单、好消化为原则。从单一到复杂，从米粉到蔬菜、水果，从根茎类蔬菜到叶类蔬菜，再逐步过渡到动物类食品。

3. 宝宝添加辅食后过早地断奶

宝宝的辅食喂养阶段截止到 1 岁左右，在这段时间，不应该以辅食替代母乳或配方奶粉，宝宝在加辅食后仍应该保证每日充足的奶量，因为母乳或配方奶才是宝宝的“主食”。在添加辅食的过程中，应该先吃饭后吃奶，做到一次吃饱，增加辅食的量应该顺其自然，不要强迫宝宝进食，让孩子逐渐适应。

在宝宝开始添加辅食的初期，原则上不应该减少奶量。每日奶量应保证在 600 毫升 ~800 毫升。我们可以在喂奶前给宝宝喂辅食，辅食添加的量应从小到大。有些妈妈喜欢这一顿给宝宝喂辅食，下一顿给宝宝喂奶，这样做是错误的。因为开始添加辅食的时候，宝宝并不能通过辅食达到饱腹，并且米粉这样的辅食并不能完全替代母乳或配方奶粉所带给宝宝的营养。

爸爸妈妈们应该记住，既然是“辅食”，那么就绝对不能代替“主食”，所以不能简单地认为给宝宝吃饭了就不用喝奶了。宝宝在 1 岁以后，可以根据进餐的情况适量减少奶量。

第二章
0~4 个月宝宝怎么喂

对于宝宝来说，母乳是在6个月月龄内最理想的天然食品，它不但营养物质全面、各种营养素的配比合理，还含有多种免疫物质，非常适合宝宝的快速生长发育。母乳喂养可以降低宝宝患感染性疾病的风险，有利于预防过敏性疾病，还可以降低女性乳腺癌的发病危险。虽然我们在这个时期不提倡人工喂养和混合喂养的方式，但有些妈妈因为一些迫不得已的原因导致母乳不足或没有办法母乳喂养时也不要过分地担心，选用婴儿代乳品作为补充或全部替代也可以很好地哺育宝宝，只是需要妈妈更细心，通过科学的计算和喂养来确保宝宝的健康成长。

一、宝宝的能力与成长

宝宝从出生到发育至 4 个月时，掌握的技能真的不少呢。首先，宝宝在视力上有了很大的进步，视线变得灵活，已经可以准确地捕捉到移动的物体，并且能跟随物体的移动来转移自己的视线。其次，在听觉发育上，宝宝能听到铃声后转头寻找，能迅速寻找悬挂的玩具及移动的物体等目标。

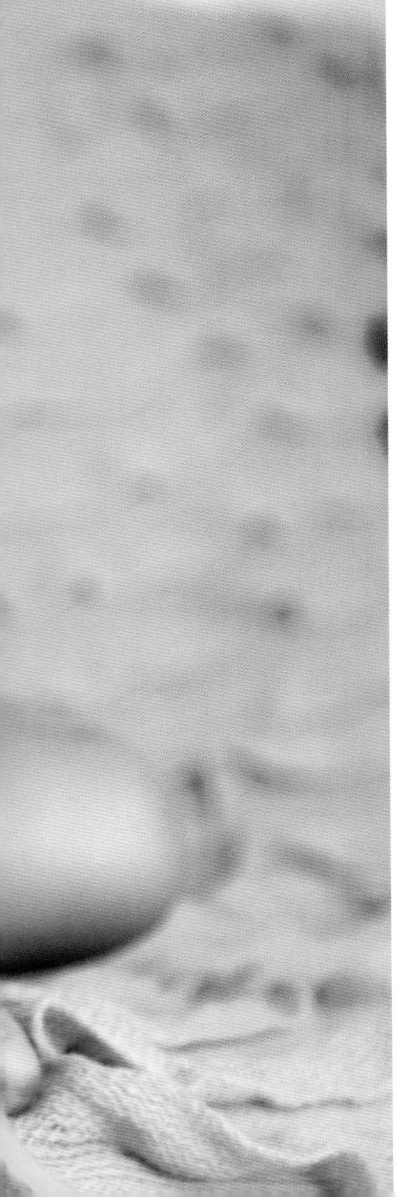

我们常常听家中老人说"三翻六坐"，也能体现这个阶段宝宝发育的特点。这时候的宝宝们在俯卧时上身能完全抬起，头可以抬到 90°，能做 180° 环视，并且能用胳膊肘撑起身体，能从俯卧翻身变为侧卧，腿能抬高踢去衣服和被子。妈妈们会发现，一旦宝宝开始感知这个世界后就会变得很顽皮。这时候往往也是爸妈们需要仔细看护的阶段了，由于宝宝学会了翻身，但是力量又比较弱，很容易发生坠床或者长时间俯卧位导致窒息，所以，此时的爸爸妈妈们需要更加细心地看护宝宝。

此外，由于从 4 个月开始，宝宝逐渐开始萌生乳牙，所以这个阶段的宝宝口水会分泌旺盛，爸爸妈妈可以给宝宝佩戴围嘴，也应该及时用手帕给宝宝擦拭口周，防止湿疹发生。

二、纯母乳喂养的宝宝

母乳喂养时需要注意，妈妈产后要尽早开奶。足月顺产的妈妈最好在产后半小时内开奶，剖宫产的妈妈也要尽可能早让宝宝吸吮乳房，刺激尽快产奶。在分娩后的前 7 天，妈妈分泌的乳汁呈淡黄色，质地黏稠，被称为初乳。初乳对宝宝来讲十分珍贵，它所含的免疫活性物质对宝宝防御感染以及初级免疫系统的建立十分重要。从分娩后的第 3、4 天开始，宝宝吸吮乳汁的行为会本能地刺激妈妈的身体产生大量的乳汁，宝宝吃得越多，妈妈乳房产生的乳汁也就越多。在生产后的第 8 天至第 14 天产生的乳汁被称为过渡乳，约 2 周后的乳汁就是成熟乳了。

新出生的婴儿胃容量还非常小，在开始的几天里每天宝宝要吃 8 次左右的奶（2~3 小时需要喂奶 1 次），到 3 个月龄以后，随着胃容量的不断增大，喂奶的次数会相应的减少，通常 4 小时左右喂奶 1 次就可以了。母乳喂养的原则是按需喂养，这是因为不同妈妈的奶水质量也会各有不同。所以，在喂养宝宝的过程中，当宝宝有饥饿感或进食的需求时，妈妈们应该根据宝宝的情况进行哺乳，不应该完全按照通常情况教条式喂养。

纯母乳喂养的宝宝也要注意维生素 D 和维生素 K 的补充。母乳中的维生素 D 含量低，如果宝宝出生在北方寒冷的冬春季或南方的梅雨季节，户外活动时间少，不能够充分地晒太阳，容易发生维生素 D 缺乏的现象，严重时可能会发生佝偻病。及时地补充适当剂量的富含维生素 A、维生素 D 的鱼肝油或维生素 D 的制剂非常有必要。同时母乳中的维生素 K 含量也较低，维生素 K 的缺乏会导致出血性疾病。《中国居民膳食营养素参考摄入量》中推荐的维生素 D 摄入量为 10 微克 / 天。宝宝从出生到 3 个月龄时维生素 K 摄入量为 25 微克 / 天。上述的数值只是一个参考，每个宝宝的发育情况不同，所需要补充的维生素 D 和维生素 K 的数量也是会有差异的，补充剂量的多少一定要在专业人员的指导下完成。

三、人工喂养和混合喂养的宝宝

人工喂养是指各种原因造成的完全无法母乳喂养时，只能全部选择代乳品的喂养方式。混合喂养是指各种原因导致的母乳不足或不能按时喂养时，需要在坚持母乳喂养的同时部分选用婴儿代乳品作为补充的喂养方式。相比较而言，混合喂养优于人工喂养。

1. 人工喂养

选择人工喂养方式要注意代乳品的用量，用量的多少需要根据宝宝的能量需求量来计算。新生儿第 1 周能量需求为 60 千卡 /（千克体重・日），第 2 周为 100 千卡 /（千克体重・日）。在这之后的需求量要比纯母乳喂养的宝宝每天增加 20%，再根据代乳品每 100 毫升提供的能量来确定 1 天所需的奶量。每种配方奶的能量是不同的，其说明中都会有标注，妈妈要仔细阅读后再为宝宝调配。基本的喂养方法和原则如下。

开始时大约每 2 小时喂 1 次代乳品，早期每天 6~8 次，随着月龄增加可减少喂奶次数，每次增加相应的奶量。

用奶瓶喂养时要注意奶瓶、奶嘴等器具的及时清洗消毒，每次喂奶时间为 20~30 分钟。如果宝宝吸吮时间过长，要检查奶嘴是否堵塞，并及时进行更换。

代乳品的温度最好在 36℃ ~ 37℃，避免太凉或太热，每次吃多少要由宝宝来决定，吃饱后就不要再强行喂食了。

宝宝在 2 次喂奶之间需要适量补水。

代乳品的营养丰富，很容易滋生细菌，所以配好奶后应马上喂给宝宝食用，如果配好后在室温内放置超过 2 小时，建议废弃。

2. 混合喂养

有些妈妈因为本身母乳不足或其他原因只能选用混合喂养。选择这种方法的妈妈要注意，即使母乳不足也要坚持按时给让宝宝吸空乳汁，这样会有利于刺激乳汁的分泌。如果是因为不能按时喂奶才选用这种方式时，要尽可能将多余乳汁及时挤出或吸空，用清洁的奶瓶收集后低温储存，这样在宝宝有需要时可以加热放温后再喂给宝宝。在混合喂养时，代乳品的补充量要以宝宝吃饱为宜，具体的食用量根据宝宝的体重和母乳的缺少程度而定。对于 6 个月以下特别是 0~4 个月的宝宝来讲，混合喂养的方式会优于完全不吃母乳的人工喂养方式。

四、阳阳的辅食之旅

由于在孕后期担心体重增长过快，我的产科医师让我适当控制饮食，所以阳阳出生的时候体重 3.5 千克，并不属于体重较大的宝宝。但是他的哭声特别嘹亮，娩出那一刻他的哭声响遍了整个手术室。我以为这么健壮的宝贝在吃奶上是不会有问题的，但是事实上是我太乐观了。在出生后，阳阳开始吃奶就出现了吐奶的情况，一开始我没有太注意，以为是小宝宝刚开始还不太适应吸吮，后来渐渐发现阳阳每次吃完奶都会出现吐奶的现象。

照顾我的月嫂李阿姨跟我说，孩子可能就是新生儿溢奶，第一次当妈妈的我根本没有经验，赶紧请教当儿科医生的闺蜜，闺蜜看了阳阳的情况，证实孩子确实存在新生儿溢奶，让我每次喂完奶都要竖着抱起宝宝轻拍后背，让宝宝打嗝。我严格按照专科医师的指导做了，然而阳阳溢奶的情况并没有好转，常常吃完奶马上就吐出来，甚至经常从鼻腔里涌出来。

我跟阳阳爸爸都很着急，也尝试着把母乳吸出来用奶瓶喂给他，但是好像并没有什么效果，月嫂安慰我说很多新生儿都有这种情况，是由于新生儿特殊的解剖结构导致的，等宝宝慢慢大一点儿就会好了。作为一个呼吸科医师，我深知频繁呕吐导致误吸会造成人体窒息以及吸入性肺炎等严重的合并症，所以我比一般的妈妈还要紧张。尤其是在夜里给阳阳喂完奶，看他吐得连被褥都湿透了，真是心焦。所以在整个月子里，我常常是在夜里醒着，看着我的孩子，怕他有意外。整个月子期我的睡眠非常少，但是母爱的强大力量仿佛支撑着我，倒也没觉得困和累。阳阳这样的情况在他 2 个半月后真的逐渐改善了，不再吐奶，我想做过妈妈的都会懂，这是多么幸福的一件事。

在月子期间，我休息得不充足，也因为激素水平变化导致心情经常不好，所以奶水并不是特别充足，特别是在前两周，阳阳每天都还要搭配 1~2 次配方奶才能吃饱。我的月嫂李阿姨是一个拥有十多年月嫂经验的金牌月嫂。她发现我的情绪不好，经常跟我聊天，开导我，帮助我护理宝宝。由于阳阳每天吐奶会更换很多件衣服，李阿姨毫无怨言地帮我洗洗涮涮。发现我的奶水不够多，李阿姨说：“只要生完孩子，妈妈都会有奶的，放心，我帮你把奶水调理得充足，够阳阳吃。”快人快语的李阿姨说到做到，每天帮我变换口味做各种好吃又有营养的饭菜，特别在汤水的调理上非常注重。经过月子期间的调理，我的奶水已经完全够阳阳的口粮。

第三章
4~6 个月宝宝辅食添加

一、宝宝的能力与成长

4~6 个月的宝宝口腔中的淀粉酶逐渐增加，消化系统也逐步成熟了，对于食物的质量有了新的需求。一般在这段时期内宝宝会出现持续 1~2 周的厌奶期，三种喂养方式中混合喂养的宝宝这种情况表现得更加明显，这也是一种对新食物有需求的信号。辅食的添加不但可以满足宝宝成长不断增加的营养需求，而且也是宝宝学习吃食物，为断奶作准备的开始。断奶不单指完全不食用母乳那一刻，中间还需要经过较长的断奶过渡期，开始添加辅食就是这个时期的开始。从宝宝开始接触食物这一刻到逐步认识并适应母乳以外的食物，直至通过吞咽和咀嚼的训练可以完全断奶，还需要一个较长的过程。

由于每个宝宝的发育情况不同，添加辅食的时间也会有所不同，需要根据各自宝宝具体的情况来决定。

1. 一般出现下面的情形时就可以开始添加辅食了

☆体重增长已经达到了出生时的 2 倍。

☆吃完 250 毫升奶后不满 4 小时又出现了饥饿的现象。

☆在 24 小时内能吃完 1000 毫升或 1000 毫升以上的奶。

☆月龄达到 6 个月以上。

2. 添加辅食时要注意

☆宝宝对食物要逐步适应。

虽然宝宝的消化系统在逐步地发育完善，但比起成年人来讲还是很娇弱的，同时宝宝的小肠上皮细胞渗透性高，比起成年人来讲更容易发生过敏。在刚开始添加辅食时，1 种辅食要经过 5~7 天的适应期，之后再添加另一种新的食物，逐步地增加食物的品种。宝宝食用每种新的食品时要注意观察宝宝食后的反应，如果发现过敏现象要立即停止食用，情况严重时要就医。宝宝添加的第一种辅食应该是米粉类的食物。

☆食物要由稀到稠。

宝宝的吞咽能力要逐步地学习和锻炼，刚开始食用米糊时要冲调得稀一些，当宝宝习惯后再逐渐地变稠。

☆量要由少到多，质地要由细到粗。

宝宝开始食用辅食时，食物要制成汁或泥状，利于吞咽。当宝宝的乳牙逐渐萌出后，添加的食物可以适当的粗一些

和硬一点儿，以训练宝宝的咀嚼能力。添加辅食的原则是少量、简单。这个阶段宝宝还处于与食物的“磨合期”，不应该给予过多的或过复杂的食物，这样容易导致宝宝消化不良甚至过敏。

☆开始添加辅食初期，每餐的顺序是先吃辅食，再吃奶。

在宝宝添加辅食的初期，应该是一个适应的阶段，所添加的辅食并不能替代一顿饭，家长给宝宝添加辅食的时间也不应该过分随意，应该安排在吃奶前，先给宝宝吃米粉或菜泥，接着给宝宝喂奶，让宝宝一次吃饱。这样做对培养宝宝良好的进餐习惯非常重要。

二、所需营养和辅食添加的顺序

在这个阶段，食物添加的顺序为：首先添加谷类食物，其次是添加蔬菜汁、蔬菜泥，接下来添加水果汁、水果泥，再继续添加鸡蛋黄、肝泥和鱼泥。在添加辅食的初期，妈妈应该注意观察宝宝的大便情况，以判断是否存在消化不良的问题，及时调整饮食方案，让宝宝能够逐渐适应和过渡。宝宝的第一口辅食应该是含铁米粉，所以在宝宝开始接触辅食后，应该喂食含铁米粉几天。等宝宝开始适应辅食后，可以将根茎类的蔬菜泥混合在米粉中喂给宝宝，让宝宝逐渐适应。此外，每次添加的蔬菜或水果应为一种，等宝宝食用后无过敏反应，方可添加其他蔬菜或水果。如果想要将两种蔬菜泥混合制作后喂给宝宝，应该保证每一种蔬菜都是宝宝曾经吃过并且不过敏的。这样有利于及时发现是否有导致过敏反应发生的食物。

此外，有些妈妈会将含铁米粉和配方奶混合后喂给宝宝，认为这样更有营养。殊不知，这样做不论是配方奶中的营养成分，还是米粉中的营养成分，都会受到影响，而且影响含铁米粉中铁的吸收。所以，含铁米粉应当用温水调和后喂给宝宝。

医师家小贴士：

在这个阶段选择的蔬菜应该以根茎类为主，因为根茎类的蔬菜引起过敏的现象较少，如胡萝卜、土豆等。在制作过程中还要注意，需要完全蒸熟或煮熟并制作成细腻的糊状。

三、医师家的推荐辅食

米粉、米糊类

含铁米粉糊

材料：加铁米粉 15 克

做法：

1. 取一只碗盛入15克加铁米粉，加入60毫升的水（水温控制在50℃～60℃），搅拌均匀制成米糊。
2. 将搅拌好的米糊放入宝宝的专用碗中，待温度适宜喂给宝宝即可。

营养分析：加铁米粉是以大米或小米为主要原料，通过适量地添加铁元素经过科学的加工过程制作而成的。孕妈妈在怀孕期间为宝宝储备的铁一般只能够满足宝宝生长到 4 个月时的需要，所以在添加的辅食中加铁米粉是不可缺少的。

＊注：由于每种品牌的加铁米粉的主要营养成分及其含量稍有不同，妈妈可以参考米粉品牌所提供的说明书，在此就不再列举了。

大米汤

材料：大米 50 克

做法：

1. 将大米淘净，放入锅中，加入适量的清水。
2. 大火烧开后改中小火，熬制 40 分钟左右后关火。
3. 用汤勺舀出上层的米汤盛入宝宝专用碗中，放至温热即可。

营养分析：大米是由稻谷碾制而成的，其营养成分多在谷胚和糊粉层中。大米中碳水化合物占 75%，蛋白质占 7%~8%。虽然大米中的蛋白质成分含量并不高，却非常容易被人体吸收，而且大米中的 B 族维生素含量丰富，熬出的汤汁有天然的香甜口感，可以很好地引起宝宝的食欲。

番茄米汤

材料：番茄 1/4 个（约 25 克）、大米汤 25 克

做法：

1. 将番茄洗净，放入开水中汆烫片刻后取出放温。

2. 先将番茄皮剥去，之后切成小块，将番茄块放入原汁机中榨成番茄汁。

3. 准备一个小煮锅，将榨好的番茄汁和大米汤加入锅中，小火煮开后关火（米汤的做法详见大米汤的制作过程）。

4. 放至温热后，将番茄米汤放入宝宝的专用碗中即可。

营养分析：番茄又名西红柿，含有特有的物质番茄红素，可起到抑菌、抗氧化的作用。它的维生素和矿物质含量也非常丰富，含有大量的钾、磷、铁元素和丰富的维生素 C、胡萝卜素等。

番茄汁米粉

材料：番茄 1/4 个（约 25 克）、加铁米粉 25 克

做法：

1. 将番茄洗净，放入开水中汆烫片刻后取出，放温。
2. 先将番茄皮剥去，之后切成小块，将番茄块放入原汁机中榨成番茄汁。
3. 另取一只碗，盛 25 克加铁米粉后加入 50 毫升的水（水温控制在 50℃ ~ 60℃），搅拌均匀制成米糊。
4. 将搅打好的番茄汁也放入盛有米糊的碗中，再次拌匀，放入宝宝的专用碗中即可。

红薯泥米粉

材料：红薯 50 克、加铁米粉 25 克

做法：

1. 将红薯洗净、去皮，切成小块，放入一只干净的蒸碗中。
2. 将蒸碗放在锅中大火蒸六七分钟后，取出放至温热，加入食品料理机中反复搅打成泥。
3. 另取一只碗盛 25 克加铁米粉，加入 100 毫升的水（水温控制在 50℃ ~ 60℃），搅拌均匀制成米糊。
4. 将搅打好的红薯泥放入盛有米糊的碗中，再次拌匀，放入宝宝的专用碗中即可。

营养分析：红薯学名番薯，其主要成分为水、淀粉和糖（分别占比为：水 60%~80%，淀粉 10%~30%，糖 5% 左右）。红薯中的钾含量丰富，每 100 克可食的部分含有钾 111 毫克，对宝宝的智力发育非常有益，同时所含的淀粉也很容易被人体吸收利用。

在制作红薯泥米粉时因红薯中含有不少水分，所以米粉拌得稍稠一些没有关系，当两种食材搅拌均匀后稀稠就会变得适当了。

牛油果米糊

材料：牛油果 1/4 个、加铁米粉 10 克

做法：

1. 牛油果洗净、切开，取半个用小勺将果肉刮入一只干净的蒸碗中。

2. 将蒸碗放入锅中，大火蒸 4~5 分钟后取出放至温热，之后加入食品料理机中反复搅打成泥。

3. 另取一只碗，盛 10 克加铁米粉后加入 50 毫升的水（水温控制在 50℃ ~ 60℃），搅拌均匀制成米糊。

4. 将搅打好的牛油果泥放入盛有米糊的碗中，再次拌匀，放入宝宝的专用碗中即可。

营养分析：牛油果学名鳄梨，原产自美洲热带地区，现我国广东一带也开始种植了，营养价值丰富，是一种很好的水果。它的主要营养成分有脂肪、蛋白质、维生素 A、维生素 C 和矿物质磷、钾、镁、钙等。加入加铁米粉可以使营养更全面、口感更美味而且易于吸收。

油菜泥米粉

材料：油菜 25 克、加铁米粉 10 克

做法：

1. 将油菜洗净、择好，切成小段，放入锅中。

2. 锅中加入少许水，中火煮 4~5 分钟后关火，放至温热后加入食品料理机中反复搅打成泥。

3. 另取一只碗，盛 25 克加铁米粉后加入 40 毫升水（水温控制在 50℃ ~ 60℃），搅拌均匀制成米糊。

4. 将搅打好的油菜泥放入盛有米糊的碗中，再次拌匀，放入宝宝的专用碗中即可。

营养分析：油菜属十字花科植物，是一种常见的绿叶蔬菜。它除了含有大量维生素 C，钾、钙、磷、镁、铁等元素的含量也很丰富。

小贴士：由于油菜泥中水分含量大，所以拌米粉时水要少放。

蔬果泥

胡萝卜泥

材料：胡萝卜 1/2 根（约 50 克）

做法：

1. 将胡萝卜洗净、去皮，切成小块，放入一只干净的蒸碗中。
2. 将蒸碗放在锅中，大火蒸 5~6 分钟后取出放至温热，之后加入食品料理机中反复搅打成泥。
3. 将搅打好的胡萝卜泥放入宝宝的专用碗中即可。

营养分析：胡萝卜是一种家常的营养丰富的蔬菜，也非常适合宝宝食用，它的主要营养成分是 β－胡萝卜素。胡萝卜中的 β－胡萝卜素存在于它的细胞壁里，要通过切碎、煮熟等方式制作使其细胞壁破裂后才能释放出来。制成泥的胡萝卜其营养成分非常有利于宝宝的吸收和消化。

土豆泥

材料：土豆 1/2 个（约 50 克）

做法：

1. 将土豆洗净、去皮，切成小块，放入一只干净的蒸碗中。
2. 将蒸碗放在锅中，大火蒸 7~8 分钟，取出放至温热后，加入食品料理机中反复搅打成泥。
3. 将搅打好的土豆泥放入宝宝的专用碗中即可。

营养分析：土豆学名马铃薯，属于茄科类植物，淀粉含量高，新鲜的马铃薯淀粉含量可占到 9%~20%。土豆中还含有丰富的 B 族维生素和维生素 C。食用蒸、煮完全的土豆很少会引起过敏，很适合刚刚开始添加辅食的宝宝食用。

苹果泥

材料：苹果 1/2 个（约 50 克）

做法：

1. 将苹果洗净，从中间切开，去除里面的籽和硬芯部分。
2. 用干净的勺子将里面的果肉慢慢地刮成泥状。
3. 将刮好的苹果泥放入宝宝的专用碗中即可。

营养分析：苹果属蔷薇科植物，是一种营养丰富又常见的水果。苹果中的糖类成分含量高，矿物质含量也很丰富，特别是其中所含的铁和锌成分，锌有利于宝宝的智力发育，铁有补血的功效。

胡萝卜苹果泥

材料：胡萝卜1/4根（约25克）、苹果1/4个（约25克）

做法：

1. 将胡萝卜洗净、去皮，切成小块，放入一只干净的蒸碗中。

2. 将蒸碗放在锅中，大火蒸5~6分钟后取出，放至温热，之后加入食品料理机中反复搅打成泥，放入一只干净的碗中。

3. 将苹果洗净，从中间切开，去除里面的苹果籽和硬芯部分。

4. 用干净的勺子将里面的果肉慢慢地刮成泥状，也放入碗中。

5. 将胡萝卜泥和苹果泥搅拌均匀后，放入宝宝的专用碗中即可。

茄子泥

材料：圆茄子 1/4 个（约 50 克）

做法：

1. 将圆茄子洗净、去皮，切成小块，放入一只干净的蒸碗中。
2. 将蒸碗放在锅中，大火蒸 7~8 分钟后取出放至温热，之后加入食品料理机中反复搅打成泥。
3. 将搅打好的茄子泥放入宝宝的专用碗中即可。

营养分析：圆茄子属于茄科类草本植物，是不多见的几种紫色蔬菜之一。茄皮中含有丰富的 B 族维生素，成人食用时最好是带皮直接烹制。由于宝宝娇嫩的肠胃还不能消化吸收茄皮，制作时一定要去掉皮。除此之外，茄子的维生素 E 和矿物质钙、磷、钾也很丰富，口感微甜，可以引起宝宝的食欲。

娃娃菜泥

材料：娃娃菜 50 克

做法：

1. 娃娃菜洗净、择好，切成小段，放入锅中。
2. 锅中加入少许水，中火煮 4~5 分钟后关火，放至温热后加入食品料理机中，反复搅打成泥。
3. 将搅打好的娃娃菜泥放入宝宝的专用碗中即可。

营养分析：娃娃菜是一种微型的大白菜，具有与大白菜相同的营养成分，属十字花科植物，含有粗纤维，口感微甜，含有丰富的维生素 E、维生素 C 和矿物质钙、磷、铁等元素。

西葫芦泥

材料：西葫芦 50 克

做法：

1. 将西葫芦洗净，先切成小薄片后去籽，再切成丝放入锅中。
2. 锅中加入少许水，中火煮 4~5 分钟后关火，放至温热后加入食品料理机中，反复搅打成泥。
3. 将搅打好的西葫芦泥放入宝宝的专用碗中即可。

营养分析：西葫芦多生长于北方，口感甘甜，适合宝宝食用。西葫芦中的钙含量高，食用还可起到补充钙元素的作用。

西蓝花泥

材料：西蓝花 100 克

做法：

1. 将西蓝花洗净、切成小块，放入一只干净的蒸碗中。
2. 将蒸碗放入锅中，大火蒸 6~7 分钟后取出，放至温热，加入食品料理机中反复搅打成泥。
3. 将搅打好的西蓝花泥放入宝宝的专用碗中即可。

营养分析：西蓝花又被叫作绿菜花，是一种十字花科的蔬菜，它富含蛋白质、矿物质钙和磷，特别是胡萝卜素的含量非常高，对视力发育很有帮助。

香蕉泥

材料：香蕉 1/2 根（约 50 克）

做法：

1. 剥开香蕉皮，用干净的勺子将里面的果肉慢慢地刮成泥状。

2. 将刮好的香蕉泥放入宝宝的专用碗中即可。

营养分析：香蕉属芭蕉科植物，是一种营养丰富又常见的水果。香蕉的果肉含糖量高，口感香甜软滑，是宝宝非常喜欢的辅食之一。同时它的钾、镁、锌等矿物质元素含量都很高。

油菜泥

材料：油菜 50 克

做法：

1. 将油菜洗净、择好，切成小段，放入锅中。
2. 锅中加入少许水，中火煮 4~5 分钟后关火，放至温热后加入食品料理机中，反复搅打成泥。
3. 将搅打好的油菜泥放入宝宝的专用碗中即可。

果汁

番茄汁

材料：番茄 1/2 个（约 50 克）

做法：

1. 将番茄洗净，放入开水中汆烫片刻后取出放温。
2. 先将番茄皮剥去，之后切成小块，将番茄块放入原汁机中榨成番茄汁。
3. 将榨好的番茄汁放入宝宝的专用吸管杯中即可。

苹果汁

材料：苹果 1/2 个（约 50 克）

做法：

1. 将苹果洗净、去皮，从中间切开，去除里面的籽和硬芯部分，再切成小块。
2. 把苹果块放入原汁机中榨成苹果汁。
3. 将榨好的苹果汁放入宝宝的专用吸管杯中即可。

鲜橘汁

材料：橘子 1 个（约 50 克）

做法：

1. 将橘子洗净、剥皮，去掉橘子络，去籽，掰成小块。
2. 把橘子块放入原汁机中榨成橘子汁。
3. 将榨好的橘子汁放入宝宝的专用吸管杯中即可。

营养分析：橘子是一种口感酸甜的水果，它富含维生素 C、柠檬酸和果胶。除此之外，橘子中的矿物质钾、磷、钙的含量也很丰富。

雪梨汁

材料：雪梨 1/2 个（约 50 克）

做法：

1. 将雪梨洗净，削皮、去籽后用水果刀切成小块。
2. 把雪梨块放入原汁机中榨成梨汁。
3. 将榨好的雪梨汁放入宝宝的专用吸管杯中即可。

营养分析：雪梨俗称雪花梨，多产自河北，是市面上常见的梨中个头较大的。它的肉质细腻、汁水多，口感爽脆甘甜，榨成梨汁饮用可以起到生津止渴、止咳润燥的功效。

四、阳阳的辅食之旅

尽管存在严重的新生儿溢奶，依然没有阻挡阳阳茁壮成长的脚步。每次去打疫苗，儿保科的医生总是夸他发育得好，各项指标都在正常上限。我们从阳阳出生后第 15 天开始就给他添加了维生素 AD 滴剂，来保证钙的吸收。在阳阳满月后，坚持带他在阳光好的时候到户外去晒太阳。

阳阳的健康发育还表现在乳牙的萌出上，大约在 4 个半月的时候，他的第 1 颗小牙齿开始萌出了。起初我们并没有发现牙齿萌出的迹象，只是看到他常常流口水，偶尔还有哭闹的情况。后来，细心的姥姥发现在他下切牙的位置上出现了个小白点，我们恍然大悟，原来孩子哭闹是因为出牙导致的不舒服。

阳阳天生对食物充满好奇，在乳牙萌出后，我经常让他坐在饭桌前看大人们吃饭。小家伙常常看着看着就“投入”了，自己也表现得跃跃欲试，想要尝尝美味的食物。这时候我和阳阳爸爸总是要耐心地跟他讲很多次：“宝宝你现在还没有牙齿，不能吃这些，等你长大了就能随便吃啦！”但是阳阳好像不能接受这残酷的现实，有时候看着大人们吃饭还着急地哭起来。

在阳阳 4 个半月的时候，我的产假结束了，这就意味着阳阳白天需要用奶瓶吃奶。由于在产假阶段我的奶水充足，他根本没有用过奶瓶，在上班前 2 周左右，我开始有意地让他用奶瓶喝奶，但是小家伙非常抗拒，根本不理睬妈妈的用心，拼命地抵抗着奶瓶，就算饿着也坚决不吃奶瓶，还经常发脾气把奶瓶摔到地上。我就又开始纠结起来，阳阳姥姥看了，说：“孩子是很聪明的，他看到自己的妈妈在身边便不会用奶瓶喝奶的，等你上班了，不在家，孩子没有盼头了，自然会用奶瓶的，放心吧。”

事实证明，姥姥的经验是正确的，阳阳在我上班后，也就抵抗了 2 天，就开始乖乖地用奶瓶喝奶了。开始的时候，我总是不放心，还趁午休时间开车跑回去看看他，后来发现原来小朋友的适应能力是不可小视的。小家伙非常适应妈妈不在家的生活，跟姥姥和姥爷玩得很愉快，吃奶也特别好。

阳阳 5 个月后，我开始给他添加辅食了，

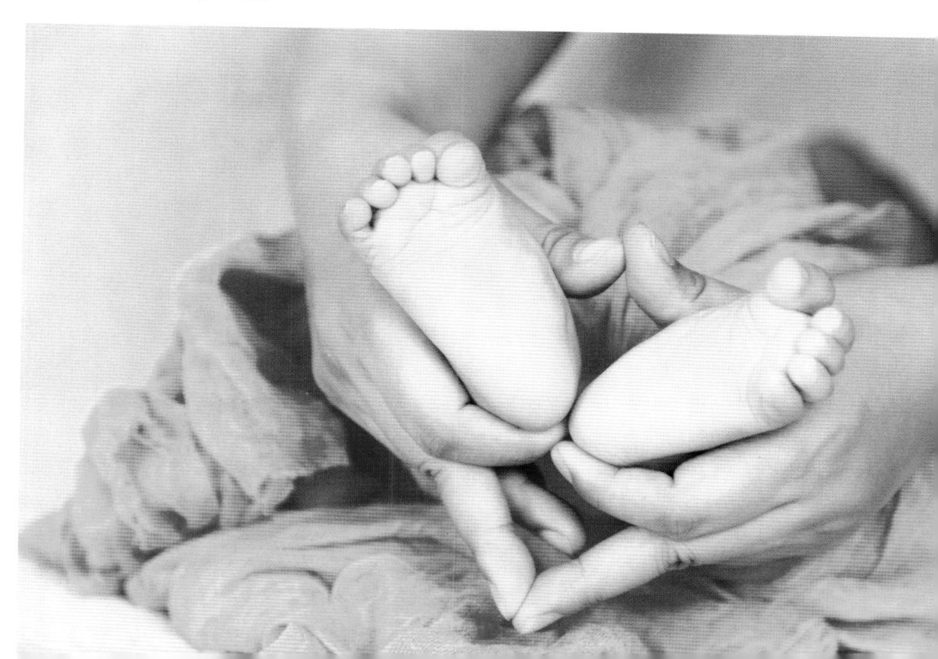

一方面他的下切牙都开始萌出，另一方面小家伙的食欲表现得非常迫切，所以我给他添加了含铁米粉。我到现在还记得他吃到第一口米粉时的表情，就仿佛尝到了人间最美味的东西一样，满足和愉快。就这样，吃了大约 5 天的含铁米粉后，我开始给他添加根茎类蔬菜了。由于姥姥不太会用辅食机，所以我依然每天中午开车回去给阳阳做辅食。我们从胡萝卜泥开始添加，逐渐增加到土豆、牛油果、香蕉，最后把 2 种食物泥混合起来食用。当然，我依然遵循着辅食添加的原则，每次只给他尝试一种食物，观察几天没有异常后再进行下一种的添加。

孩子的辅食添加过程就像学走路一样，总要先从站立开始，再一步一步向前走。辅食添加过程也是一样的，不能一蹴而就，也不能由着家长的兴趣随便喂食。从阳阳添加辅食开始，我就让他跟我们一起坐在饭桌旁边，一边看着大人吃饭，一边给他喂辅食，这样不但对他的饮食习惯进行规范，而且还能增加他的食欲，培养良好的就餐习惯。现在阳阳已经 1 岁半了，我敢说唯一不让大人们操心的就是他的吃饭问题，我们从来不用担心他挑食或者不好好吃饭。

第四章
7~9 个月宝宝辅食添加

一、宝宝的能力与成长

在这段时期，宝宝要继续迎接他更多的乳牙萌出，相对于前段时间较为细腻的食物，宝宝会更加喜欢一些半流质和半固体的食物了。这个阶段宝宝的食物逐渐由泥、糊状食物过渡到半固体、固体食物。这时候妈妈们可以自己制作一些软烂的面片、稀粥、烂饭等食物。同时，由于宝宝胃内的蛋白酶开始分泌，在饮食上还可以添加一部分动物类食品如蛋黄、瘦肉末等给宝宝食用。软烂的食物即可满足宝宝锻炼咀嚼的需求，又不会导致宝宝消化不良，同时新添加的瘦肉类食物含铁量丰富，可满足补铁的需要，帮助预防和改善宝宝的缺铁现象。当然妈妈还可为宝宝准备一些磨牙饼干来帮助宝宝锻炼咀嚼能力。

二、所需营养和辅食添加的方法

由于这个阶段宝宝食物的品种开始丰富，食用的量也有所增加，妈妈们对宝宝的消化功能应该更加重视。

在添加几种食物共同制作的辅食时，应该保证每种食物都是宝宝曾经食用过并且没有发生过敏反应的。这时候的宝宝在水果的选择上也可以更加丰富些，以保证充足的维生素摄入。还要注意那些容易引起宝宝过敏的食物：鲜牛奶、鸡蛋清、小麦制品、木瓜、猕猴桃、芒果等热带水果、花生等坚果和海鲜类食物。另外还要留意父母食用后会过敏的食物，对这类食物宝宝也有可能会过敏。虽然在这个阶段宝宝可以进食的种类不断地增加，但是他并不具备成人的消化和吸收功能，所以，在添加辅食的过程中，爸爸妈妈还是应该遵循循序渐进的原则，不能贪多，不应过量，不要喧宾夺主。要记住辅食之所以被称为“辅食”，是因为1岁以内甚至2岁前宝宝的主食只有母乳或配方奶。不能因为宝宝爱吃辅食，或对配方奶、母乳抵抗，就以辅食替代主食。在这个阶段，我们可以把辅食作为完整的一餐给宝宝享用，家长应该观察自家宝宝的饮食习惯，例如将辅食作为午餐，把配方奶或母乳在其他时间定时喂给宝宝，这样也可以为将来给宝宝形成规律的饮食习惯打下良好的基础。

三、医师家的推荐辅食

蔬果泥

山药泥

材料：山药 1 小段（约 50 克）

做法：

1. 将山药洗净、去皮，切成小块，放入一只干净的蒸碗中。
2. 将蒸碗放在锅中，大火蒸 10 分钟左右后取出，放至温热，之后加入食品料理机中反复搅打成泥。
3. 将搅打好的山药泥放入宝宝的专用碗中即可。

营养分析：山药的营养价值全面，含有丰富的碳水化合物、蛋白质、维生素 C 和维生素 E，特别是它所含有的淀粉糖化酶可以帮助分解淀粉，有促进消化的作用。

胡萝卜山药泥

材料：胡萝卜 1/4 根（约 25 克）、山药 1 段（约 25 克）

做法：

1. 将胡萝卜和山药分别洗净、去皮，切成小块，放入一只干净的蒸碗中。

2. 将蒸碗放在锅中，大火蒸 5~6 分钟后取出放至温热，之后加入食品料理机中一同反复搅打成泥，放入一只干净的碗中。

3. 将搅打好的胡萝卜山药泥再次搅拌均匀后，放入宝宝的专用碗中即可。

香蕉牛油果泥

材料：牛油果 1/4 个（约 25 克）、香蕉 1/4 根（约 25 克）

做法：

1. 牛油果洗净、切开，取 1/4 个用小勺将果肉刮入一只干净的蒸碗中。

2. 将蒸碗放入锅中，大火蒸 5 分钟后，取出放至温热，加入食品料理机中反复搅打成泥，之后放入一只干净的碗中。

3. 剥开香蕉皮，用干净的勺子将里面的果肉慢慢地刮成泥状，也放入同一只碗中。

4. 将香蕉泥和牛油果泥搅拌均匀后，放入宝宝的专用碗中即可。

玉米泥

材料：鲜玉米粒 50 克

做法：

1. 将鲜玉米粒放入食品料理机中反复搅打成泥。
2. 准备一块细纱布，将搅打好的玉米泥包入纱布中，充分挤压滤去玉米皮部分。
3. 将滤好的玉米泥放入小锅中加热，煮开后放至温热。
4. 将放温后的玉米泥放入宝宝的专用碗中即可。

营养分析：玉米属于谷类食物，含有丰富的 B 族维生素、维生素 C、维生素 E 及膳食纤维。对于刚刚开始接触粗粮的宝宝来说，精细制作的玉米泥不但味道香甜可口，也更容易被消化吸收。

红枣泥

材料：干红枣十几粒

做法：

1. 将干红枣洗净，放入锅中，加入适量的清水，大火煮开后改小火再煮 10 分钟左右，捞出放凉。
2. 将放凉的红枣去皮、去核后，放入一只干净的碗中，用勺子反复搅打碾压制成枣泥。
3. 将制作好的枣泥放入宝宝的专用碗中即可。

营养分析：红枣有天然维生素丸的美誉，维生素 A、维生素 C、B 族维生素的含量都很高。同时红枣中还含有矿物质钙、铁、磷、镁等多种元素，具有补血的功效。

莲藕泥

材料：莲藕 50 克

做法：

1. 将莲藕去皮，切成小块，放入锅中煮熟后捞出控水。
2. 将控水后放温的莲藕块加入食品料理机中，反复搅打成泥。
3. 将搅打好的莲藕泥放入宝宝的专用碗中即可。

营养分析：莲藕为根茎类植物，口感微甜，富含维生素 C 和膳食纤维，同时它的钾、钙、磷、铁等矿物质含量也很丰富。

豌豆泥

材料：鲜豌豆粒 50 克

做法：

1. 将鲜豌豆粒放入一只干净的蒸碗中。
2. 将蒸碗放在锅中，大火蒸 5~6 分钟后取出，放至温热，之后加入食品料理机中反复搅打成泥。
3. 准备一块细纱布，将搅打好的豌豆泥包入纱布中，充分挤压滤去豆皮部分。
4. 将滤好后的豌豆泥放入宝宝的专用碗中即可。

营养分析：豌豆又被称为青豆，富含多种维生素、矿物质和膳食纤维，特别是磷和钾元素含量非常丰富。适量地食用不但可以补充多种营养成分，还可缓解宝宝的便秘现象。

紫薯泥

材料：紫薯 1/4 块（约 50 克）

做法：

1. 将紫薯洗净、去皮，切成小块，放入一只干净的蒸碗中。
2. 将蒸碗放在锅中，大火蒸 7~8 分钟后取出，放至温热，之后加入食品料理机中反复搅打成紫薯泥。
3. 将搅打好的紫薯泥放入宝宝的专用碗中即可。

营养分析：紫薯又名黑薯，除了具有红薯中的营养成分外，还富含硒元素和花青素，易被人体吸收利用。

鸡汤土豆泥

材料：土豆1/2个（约50克）、浓鸡汤适量

做法：

1. 将土豆洗净、去皮，切成小块，放入一只干净的蒸碗中。
2. 将蒸碗放在锅中大火蒸7~8分钟，取出放至温热后加入食品料理机中，反复搅打成泥。
3. 取1大汤勺鸡汤加热煮浓后，取适量加入搅打后的土豆泥中拌匀。
4. 将搅拌均匀的鸡汁土豆泥放入宝宝的专用碗中放温即可。

营养分析：鸡汤的味道鲜美，营养丰富，拌入土豆泥中食用更能引起宝宝的食欲。

Tips：可在自家炖鸡汤时将不加盐的汤汁留出一饭盒冷冻，待有需要时化开加热即可。

蛋、肉类辅食

鸡蛋羹

材料：鸡蛋 1 个、香油少许

做法：

1. 准备一只干净的碗，将鸡蛋打入碗中，加入适量的清水和少许香油，搅打均匀。
2. 将碗放入蒸锅中，上汽后中火蒸 5~6 分钟关火。
3. 在锅中继续焖 3~4 分钟后取出即可。

南瓜蒸蛋羹

材料：鸡蛋 1 个、小金南瓜 1 个、细葱花少许

做法：

1. 将鸡蛋磕入一只干净的碗中打散，加入少许的细葱花。

2. 南瓜洗净，用小刀从顶部 1/4 切开，去掉内部的南瓜子后再次冲洗干净，制成南瓜盅备用。

3. 锅中放入适量清水，大火烧开后放凉。

4. 将凉开水分次少量倒入打散的鸡蛋中，同时顺时针搅拌均匀，加入少许葱花（需要加入与鸡蛋等量的水），之后倒入南瓜盅里。

5. 蒸锅上汽后，将调好的盛有鸡蛋液的南瓜盅放入锅中，用中大火蒸 7~8 分钟后关火，再焖 3~4 分钟。

6. 将蒸好的蛋羹取出，放至温热后盛入宝宝的专用的碗中即可。

营养分析：南瓜富含胡萝卜素、维生素 C 和维生素 D，特别是其中的维生素 D 可以起到帮助钙、磷 2 种矿物质吸收的作用。鸡蛋的营养成分非常丰富，蛋黄中所含有的卵磷脂可以促进脑部发育。

豆腐青菜鸡蛋羹

材料：鸡蛋 1 个、菠菜 15 克、豆腐 15 克、细葱花少许

做法：

1. 将鸡蛋磕入一只干净的碗中打散，加入少许的细葱花。
2. 菠菜择好、洗净，切成细段，煮熟捞出控水。
3. 豆腐过热水焯烫，捞出控水后切成小丁备用。
4. 锅中放入适量清水，大火烧开后放凉。
5. 将凉开水分次少量倒入打散的鸡蛋中，同时顺时针搅拌均匀（需要加入与鸡蛋等量的水）。
6. 蒸锅上汽后，将调好的盛有鸡蛋液的碗放入锅中，用中大火蒸 7~8 分钟后关火，再焖 3~4 分钟。
7. 将蒸好的蛋羹取出，放至温热后拌入菠菜碎和豆腐丁，盛入宝宝的专用碗中即可。

营养分析：豆腐的营养成分极高，它富含多种维生素和矿物质铁、镁、钾等元素。菠菜的营养丰富，它的主要营养成分是胡萝卜素、维生素 C 和矿物质钾、钙、磷、铁等。鸡蛋所含有的氨基酸种类和组成与人体近似，很容易被吸收利用。

猪肝泥

材料：鲜猪肝 50 克

做法：

1. 将新鲜的猪肝洗净，去掉筋膜和脂肪部分，切成薄片再剁成碎粒，之后放入一只干净的蒸碗中。
2. 将蒸碗放在锅中，用中火蒸 20 分钟左右后取出放至温热，之后加入食品料理机中反复搅打成泥。
3. 将搅打好的猪肝泥放入宝宝的专用碗中即可。

营养分析：猪肝中含有丰富的动物蛋白，同时还富含维生素 A 和矿物质元素铁，食用猪肝可以起到补血的功效。制作成肝泥食用口感软烂细滑，很适合宝宝。由于猪肝从选材到制作都有一定的难度，也可在市场上选择专为宝宝生产的成品猪肝泥辅食。

胡萝卜猪肝泥

材料：胡萝卜 25 克、鲜猪肝 25 克

做法：

1. 将新鲜的猪肝洗净，去掉筋膜和脂肪部分，切成薄片再剁成碎粒，之后放入一只干净的蒸碗中。

2. 将蒸碗放在锅中，用中火蒸 20 分钟左右后取出放至温热，之后加入食品料理机中反复搅打成泥，放入一只干净的碗中。

3. 将胡萝卜洗净、去皮、切成小块，放入一只干净的蒸碗中，大火蒸 5~6 分钟。

4. 将蒸好的胡萝卜放至温热，加入食品料理机中反复搅打成泥，之后放入盛有肝泥的碗中搅拌均匀。

5. 将搅拌好的胡萝卜猪肝泥放入宝宝的专用碗中即可。

营养分析：胡萝卜的主要营养成分是 β－胡萝卜素，其中的脂溶性维生素 A 与猪肝制成泥后会更好地被宝宝吸收和利用。

菠菜鸡蛋疙瘩汤

材料：面粉 20 克、菠菜 20 克、蛋液 20 克、葱丝少许

做法：

1. 菠菜洗净，切成细段，将少许葱切成细丝备用。

2. 把面粉放入一个较大的碗里，将自来水调至最小的水流量，一边滴入碗中一边不停地搅拌，直到所有的面粉都成为絮状的小疙瘩。

3. 在锅中放入适量的清水，加入葱丝大火烧开，将面疙瘩一点一点拨入锅中。

4. 开锅后将蛋液淋入锅中，搅拌均匀后加入菠菜细段，再次煮开后关火。

5. 将煮好的菠菜鸡蛋疙瘩汤放入宝宝的专用碗中放温即可。

营养分析：菠菜的营养丰富，它的主要营养成分是胡萝卜素、维生素 C 和矿物质钾、钙、磷、铁等。鸡蛋中的营养成分非常丰富，蛋黄中所含有的卵磷脂成分可以促进脑部发育。面粉是一种非常好的主食，富含蛋白质和碳水化合物，钙、磷、钾等矿物质也很丰富。

肉松

材料：瘦肉（里脊肉）100 克、葱、姜各少许

做法：

1. 将瘦肉洗净，切成小块，放入盛有冷水的锅中，开火汆烫几分钟后捞出。
2. 锅中再次加入清水、葱段和姜片，烧开后放入汆烫好的肉块，中火炖煮 1 小时左右。
3. 捞出煮好的肉块放温，装入保鲜袋中用擀面杖反复敲打成肉碎（尽可能碎一些）。
4. 取出肉碎，用手撕成细丝后放入面包机桶中（为了防止肉松过干粘在桶上，可在桶的内壁涂抹上少许的色拉油）之后选择“果酱”功能自动制作。
5. 制作完毕后盛入适量的肉松放入宝宝的专用碗中即可。

营养分析：猪肉中含有丰富的动物蛋白，特别是瘦肉中的脂肪含量相对肥肉中要少很多，而且矿物质元素含量也很丰富。制成肉松后宝宝食用起来更容易，对于刚刚开始接触动物食品的宝宝来讲非常适合。

主食类

红枣泥米粥

材料：红枣泥 25 克、大米 50 克

做法：

1. 将大米淘净，放入锅中，加入适量的清水。
2. 大火烧开后改中小火，熬制 40 分钟左右后关火，熬成米粥。
3. 取适量的米粥拌入红枣泥（制作方法详见“红枣泥”的步骤说明）。
4. 将搅拌均匀的红枣泥烂粥盛入宝宝专用碗中，放至温热即可。

营养分析：红枣与大米搭配制成辅食，不但营养全面而且口感香甜，容易被宝宝接受和喜爱。

大米粥

材料：大米 50 克

做法：

1. 将大米淘净，放入锅中，加入适量的清水。
2. 大火烧开后改中小火，熬制 40 分钟左右后关火。
3. 用汤勺盛出适量的米粥，放入宝宝专用碗中放至温热即可。

小米粥

材料：小米 50 克

做法：

1. 将小米淘净，放入锅中，加入适量的清水。
2. 大火烧开后改中小火，熬制 30 分钟左右关火。
3. 用汤勺舀出适量的小米粥，盛入宝宝专用碗中，放至温热即可。

营养分析：小米的营养价值很高，富含蛋白质、脂肪和维生素。它除了含有谷类食物共有的 B 族维生素外，还含有丰富的钙、钾、镁等矿物质，它的蛋白质含量也优于其他谷类食物。同时，它的纤维素含量低，营养成分非常容易被人体吸收，有养胃健脾的功效，熬出的汤汁有天然的香甜口感，可以很好地引起宝宝的食欲。

菠菜烂粥

材料：菠菜 25 克、大米 50 克

做法：

1. 将菠菜洗净、择好，切成小段备用。

2. 大米淘净后加入适量的清水，大火烧开后改中小火熬制 30 分钟，之后加入菠菜段后再煮 15 分钟左右，关火。

3. 取适量的菠菜粥盛入宝宝专用碗中，放至温热即可。

胡萝卜烂粥

材料：胡萝卜 1/4 根（约 25 克）、大米 50 克

做法：

1. 将胡萝卜洗净、去皮，切成小块，放入一只干净的蒸碗中。
2. 将蒸碗放在锅中，大火蒸 5~6 分钟后取出，放至温热，之后加入食品料理机中反复搅打成泥。
3. 大米淘净后加入适量的清水，大火烧开后改中小火，熬制 40 分钟，之后加入胡萝卜泥再煮 10 分钟左右后关火，将煮好的粥放入辅食机搅打 30 秒。
4. 取适量的胡萝卜烂粥盛入宝宝专用碗中，放至温热即可。

白薯泥小米粥

材料：白薯 1/4 个（约 25 克）、滤去汤汁的小米粥 25 克

做法：

1. 将白薯洗净、去皮，切成小块，放入一只干净的蒸碗中。
2. 将蒸碗放在锅中，大火蒸 5~6 分钟后取出，放至温热，之后加入食品料理机中反复搅打成泥。
3. 滤去汤汁的小米粥拌入搅打好的白薯泥。
4. 将搅拌均匀的白薯小米粥放入宝宝的专用碗中即可。

营养分析：白薯又名甘薯，营养丰富，含有多种维生素，同时还富含淀粉、糖类和纤维素。与小米搭配食用营养成分更全面。

红枣泥米粉

材料：红枣泥 25 克、加铁米粉 25 克

做法：

1. 取一只干净的碗，盛入加铁米粉后加入 100 毫升水（水温控制在 50℃ ~ 60℃），搅拌均匀制成米糊。

2. 将制好的红枣泥（制作方法详见“红枣泥”的步骤说明）放入盛有米糊的碗中，再次拌匀，放入宝宝的专用碗中即可。

南瓜粥

材料：南瓜 30 克、大米 50 克

做法：

1. 将南瓜洗净、去皮，切成小块，放入一只干净的蒸碗中，用蒸锅大火蒸 5~6 分钟后取出，放至温热。
2. 取一只干净的勺子，将蒸好的南瓜压成泥备用。
3. 将大米淘净，放入锅中，加入适量的清水。
4. 大火烧开后改中小火，熬制 30 分钟后加入南瓜泥，再煮 10 分钟左右后关火。
5. 取适量的南瓜粥盛入宝宝专用碗中，放至温热即可。

菠菜猪肝粥

材料：菠菜 25 克、鲜猪肝 25 克、大米 50 克、姜少许

做法：

1. 将新鲜的猪肝洗净，去掉筋膜和脂肪部分，切成薄片再剁成碎粒，之后放入一只干净的蒸碗中。

2. 将蒸碗放在锅中，用中火蒸 20 分钟左右后取出放至温热，之后加入食品料理机中反复搅打成泥，放入一只干净的碗中备用。

3. 菠菜洗净、摘好，切成小细段备用。

4. 大米淘净后加入适量的清水，大火烧开后改中小火熬制 30 分钟，之后加入菠菜段再煮 15 分钟左右后关火。

5. 取适量的粥盛入宝宝专用碗中，加入猪肝泥放至温热即可。

蛋黄大米粥

材料：鸡蛋 1 个、大米 50 克

做法：

1. 将大米淘净，放入锅中，加入适量的清水。
2. 大火烧开后改中小火，熬制 40 分钟左右后关火，熬成米粥。
3. 将鸡蛋洗净，放入有冷水的锅中用中火煮 10 分钟左右，关火后取出放温。
4. 鸡蛋去皮，取一半的蛋黄放入一只干净的碗中，用小勺轻轻碾碎后盛入适量的米粥搅拌均匀。
5. 将搅拌好的蛋黄粥盛入宝宝专用碗中即可。

胡萝卜肉末粥

材料：胡萝卜 1/4 根（约 25 克）、大米 50 克、猪肉馅 25 克、食用油少许

做法：

1. 将胡萝卜洗净、去皮、切碎，放入一只干净的蒸碗中。
2. 将蒸碗放在锅中，大火蒸 5~6 分钟后取出，放至温热。
3. 锅中放少许食用油，加入猪肉馅炒熟后盛出备用。
4. 大米淘净后加入适量的清水，大火烧开后改中小火熬制 40 分钟，之后加入胡萝卜碎和炒熟的猪肉馅再煮 10 分钟左右后关火。
5. 取适量的猪肉胡萝卜粥盛入宝宝专用碗中放至温热即可。

肉松米粥

材料：大米 50 克、猪肉松 25 克

做法：

1. 大米淘净后加入适量的清水，大火烧开后改中小火，熬制 50 分钟左右后关火。
2. 取一只干净的碗，放入适量的猪肉松拌匀。
3. 将拌好的米粥盛入宝宝的专用碗中放至温热即可。

营养分析：肉松对于宝宝来说更容易咀嚼，拌入米粥中易于吸收。

虾茸小面片

材料：儿童面片 25 克、菠菜 25 克、鲜海虾 2 只（约 30 克）、姜丝、葱丝各少许

做法：

1. 将鲜海虾洗净，去虾头和外壳、挑出虾线，用刀剁成碎块放入碗中，菠菜洗净，切成细段。

2. 在锅中放入适量的清水，烧开，汆入虾茸和葱丝、姜丝，大火烧开后加入儿童面片，煮 3~4 分钟后放入菠菜段，煮熟后关火。

3. 将煮好的小面片放入宝宝的专用碗中放温即可。

营养分析：儿童面片又被称为宝宝面片，是专门根据宝宝的生长特点制作的一种辅食产品。菠菜的营养丰富，它的主要营养成分是胡萝卜素、维生素 C 和矿物质钾、钙、磷、铁等。海虾的营养价值丰富，富含蛋白质、维生素和矿物质钙、磷、铁等元素。

番茄蛋花小挂面

材料：儿童挂面 25 克、番茄 1/4 个（约 25 克）、蛋液 20 克、葱丝少许

做法：

1. 将番茄洗净，放入开水中汆烫片刻后取出放温，将番茄皮剥去之后切成小块。
2. 在锅中放入适量的清水、番茄块和葱丝，大火烧开后将鸡蛋液打散下入锅中。
3. 再次开锅后加入儿童挂面，煮熟后关火。
4. 将煮好的挂面放入宝宝的专用碗中放温即可，喂食前可用干净的辅食剪刀将面条剪断，便于食用。

南瓜小面条

材料：面粉 50 克、南瓜 25 克

做法：

1. 将南瓜洗净、去皮，切成小块，放入一只干净的蒸碗中。

2. 将装有南瓜块的蒸碗放在锅中，大火蒸 7~8 分钟后，取出放至温热，之后加入食品料理机中，反复搅打成泥备用。

3. 取一只干净、无油的盆，放入面粉和南瓜泥，加入适量的水揉成面团（以面团不粘盆为准），饧 20 分钟左右。

4. 面板上撒少许面粉，将面团擀成薄饼，切成细丝。

5. 锅中放入清水，烧开后加入南瓜面条，煮熟后放温，盛入宝宝的专用碗中即可。

三色小面条

材料：面粉 150 克、菠菜 30 克、红苋菜 30 克

做法：

1. 将菠菜、红苋菜洗净，分别放入开水中，汆烫片刻后取出放温。
2. 将焯好的菠菜、红苋菜分别切成小段，放入料理机中打成菠菜汁和苋菜汁。
3. 将面粉分成 3 份，分别和成白面团、菠菜面团和苋菜面团（以面团不粘盆为准），饧 20 分钟左右。
4. 面板上撒少许面粉，分别将面团擀成薄饼，切成细丝。
5. 锅中放入清水，烧开后加入适量的面条煮熟，放温，盛入宝宝的专用碗中即可。

营养分析：红苋菜的营养价值极高，含有丰富的胡萝卜素，同时它的钾、钙、磷等矿物质含量也很丰富，而且颜色艳丽，口感微甜，能激发宝宝的食欲。

小白菜面条

材料：儿童面条 25 克、小白菜 25 克、葱丝少许

做法：

1. 小白菜洗净，切成细段。
2. 在锅中放入适量的清水、小白菜段和葱丝，大火烧开后加入儿童面条，煮熟后关火。
3. 将煮好的小白菜面条放入宝宝的专用碗中，放温即可。

营养分析：小白菜属于十字花科，含有丰富的胡萝卜素，另外钙含量也非常丰富，是大白菜的2倍。

菠菜汁软米饭

材料：菠菜 30 克、大米 50 克

做法：

1. 将菠菜择好、洗净，切成细段，放入料理机中打碎。
2. 大米淘净，放入电饭锅中，加入打好的菠菜汁、菠菜泥和适量的清水（菠菜汁加上清水比正常蒸饭的加水量多 1/4），蒸熟。
3. 准备一只干净的碗，盛入适量的软饭后搅拌放温。
4. 将搅拌均匀的菠菜汁软饭盛入宝宝专用碗中即可。

番茄卷心菜汤

材料：卷心菜 25 克、番茄 1/4（约 25 克）

做法：

1. 番茄用开水汆烫后去皮，切成小丁，卷心菜洗净，切成小段。

2. 将切好的卷心菜段和番茄丁放入锅中，加入适量的清水，大火烧开后改中小火，煮 6~7 分钟后关火。

3. 将煮好后的卷心菜番茄汤放入宝宝的专用碗中，放至温热即可。

营养分析：卷心菜学名结球甘蓝，经常被称为包菜、圆白菜，它富含维生素 C、维生素 B_6、矿物质钙、钾、磷等元素。

番茄胡萝卜汤

材料：胡萝卜1/4根（约25克）、番茄1/4个（约25克）

做法：

1. 番茄用开水汆烫后去皮，切成小丁，胡萝卜洗净、去皮，切成小块。

2. 将切好的胡萝卜块和番茄丁放入锅中，加入适量的清水，大火烧开后改中小火，煮至汤汁浓稠且胡萝卜块软烂后关火（大约需要煮10分钟）。

3. 将煮好后的胡萝卜番茄汤放入宝宝的专用碗中，放至温热即可。

果汁

鲜橙汁

材料：橙子1个（约50克）

做法：

1. 将橙子洗净、剥皮，去掉白色的丝络和籽，掰成小块。
2. 把橙子块放入原汁机中榨成橙汁。
3. 将榨好的橙汁放入宝宝的专用吸管杯中即可。

营养分析：橙子是由柚子和橘子嫁接而成的一种水果，富含维生素C、果胶和纤维素，同时它还含有一定量的矿物质元素，如钾、磷、钙等，易于被吸收和利用，饮用橙汁还可以起到生津止渴的作用。

石榴汁

材料：石榴 1/2 个（约 50 克）

做法：

1. 将石榴洗净，剥皮后掰出石榴籽，放入一只干净的碗中。
2. 将石榴籽放入原汁机中榨成石榴汁。
3. 将榨好的石榴汁放入宝宝的专用吸管杯中即可。

营养分析：石榴是浆果的一种，营养丰富，维生素 C 含量高，酸甜适中，口感好，同时也易于人体吸收。石榴中的矿物质含量也非常丰富，含有大量的钙、磷、钾等元素。

西瓜汁

材料：西瓜1块（约50克）

做法：

1. 将西瓜洗净、切块，取其中一块去皮、去籽后切成小块，放入一只干净的碗中。
2. 将西瓜块放入原汁机中榨成西瓜汁。
3. 将榨好的西瓜汁放入宝宝的专用吸管杯中即可。

营养分析：西瓜属葫芦科，有"瓜中之王"的美誉，含有丰富的维生素C、精氨酸和果糖，甜度高、口感好，是宝宝丰常喜欢的天然饮品之一。

香蕉甜橙汁

材料：香蕉 1/4 根（约 25 克）、橙子 1/2 个（约 25 克）

做法：

1. 将橙子洗净、剥皮，去掉白色的丝络和籽，掰成小块，香蕉剥皮后也用水果刀切成小块。
2. 把橙子块和香蕉块一同放入原汁机中榨成汁。
3. 将榨好的香蕉甜橙汁放入宝宝的专用吸管杯中即可。

四、阳阳的辅食之旅

阳阳半岁的时候，已经长出 6 颗乳牙了。这个速度确实让姥姥和妈妈很惊讶。而此时的阳阳对食物的热情更加高涨了，看到什么都想要尝试一下。这时候我的表姐送了阳阳一盒磨牙棒，小家伙就像找到好朋友一样，自己抓着就开始“吃”了。我想大概是由于磨牙棒相对比较硬，可以缓解孩子出牙时牙龈不适的症状吧。这时候的阳阳已经开始自己拿着桃子啃了，虽然手和嘴的配合度还不高，经常弄得满身满脸都是桃汁，但是我们依然让他自己进行锻炼，这对以后孩子自己吃饭是非常重要的，阳阳在这个阶段拥有了很多小围嘴，以方便随时更换。

阳阳 1 岁前都是住在姥姥家的，姥姥是一个很有耐心又会做各种美食的人，所以，阳阳现在良好的饮食习惯跟姥姥的养育是密不可分的。在 6~9 个月这个阶段，姥姥已经开始给阳阳添加各种好吃的辅食了，有时候是肉松白米粥，有时候是自己擀的小面片，还有的时候是炖菜花等。总之，只要他愿意尝试，姥姥都会想尽办法给他做出来。因为我严格要求阳阳 1 岁以前不允许摄入食盐，所以姥姥总是觉得饭菜没有味道，后来我们经过协商，决定偶尔给阳阳在鸡蛋羹或者菜里添加“一丢丢”香油或者核桃油，这样不会造成宝宝对盐分的依赖，也能增加他的食欲。看着阳阳吃的时候开心的表情，姥姥非常自豪。

阳阳的胃口一直都很好，这个时候的他在吃饭上已经很有规律了，每天早晨、下午和晚上喝配方奶粉，中午要吃一次辅食，我觉得他貌似很乐意这样的安排。这个阶段他的发育非常达标，除了身高有些超标外，其余各项指标都在正常范围。我跟他爸爸带他去体检，专科医师查体后说阳阳是长高个子的体质，但一定不要让孩子过胖。阳阳很好动，既然他的胃口很好，那我们就根据他自身的成长特点区别对待，我们总是带他出去玩，还给他报名参加了游泳课程，由专业的老师带着小家伙游泳。在他开始学习爬行后，他好动的天性更是挡不住了，常常都是他在前面爬，姥姥、姥爷在后面追。所以，虽然阳阳每天的饭量跟其他小朋友比会多一些，但是热量基本上也都被他消耗了。我始终认为，养育孩子应该遵循孩子的自然天性及个体差异，不能千篇一律、照章办事。每个小朋友一定会有他特别的地方，我们作为家长，应该多仔细观察，培养孩子自己的就餐甚至生长规律，家长的责任是给予正确的引导。宝宝很多后天的习惯都是习得的，这绝大部分都是来自他的父母，比如挑食的父母往往培养出挑食的宝宝，爱吃垃圾食品的父母常常有个有一样习惯的孩子。所以，想要让孩子有一个正确而良好的饮食习惯，父母应该以身作则，从宝宝开始吃辅食的时候就应该注意，这个阶段的孩子虽然还不会说话，但是家长的一言一行他们一定会看在眼里，并且会模仿的。

第五章
10~12 个月宝宝辅食添加

一、宝宝的能力与成长

在宝宝成长到10个月龄以后，消化系统逐渐发育完善，可以进食的食物种类又丰富了许多，基本上可以进食大部分成人的食物。当然，在制作时还是应该遵循细腻、软烂、无盐、少糖的原则。这个阶段宝宝会有更多的乳牙萌出，吃辅食也更需要培养起规律来，这一阶段可以让宝宝跟大人共同进餐，并且保证每天2~3顿辅食，每天吃辅食的时间段要相同，除此之外每天仍要坚持保证400毫升~600毫升母乳或配方奶。在这个阶段还可以添加一些小点心，并且培养和锻炼宝宝用自己的餐具进食，为今后形成规律的进食习惯过渡。

二、所需营养和辅食添加的方法

这个阶段宝宝的喂养原则：

☆ 继续母乳喂养。

☆ 及时合理地添加辅食。

☆ 尝试多种多样的食物，膳食少糖、无盐、不加调味品。

☆ 逐渐让宝宝自己进食，培养良好的进食习惯。

☆ 定期监测生长发育状况。

☆ 注意饮食卫生。

在这个阶段喂养的工具要有所改变，由原来的奶瓶逐渐变为小汤匙、小杯子和小碗等，这些改变会有利于婴儿的心理成熟，为断奶做准备。正确地添加辅食对正处在断奶过渡期阶段的宝宝非常重要，它可以很好地培养宝宝良好的饮食习惯。宝宝正确的饮食行为可以减少其儿童期和成年后的挑食、偏食等不良习惯，降低肥胖情况的发生。当然，在宝宝的这个阶段，并不推荐母亲断奶，母乳喂养是宝宝最好的营养来源，如果妈妈有条件，应该坚持母乳喂养至宝宝2岁。每个宝宝的身体条件不同，且后天的成长发育也存在各种各样的个体差异。宝宝的家长不应该以“别人家的孩子”作为参照，强迫宝宝进食，应做到“吃少了不强迫”。对于本身胃口较好或进食量较大的宝宝，应该观察孩子的大便情况以及消化功能，如果没有异常，不用严格限制含量。在宝宝1岁前这个阶段，会经常到社区卫生服务中心进行计划免疫，此时可以请儿保科专科医师对宝宝的生长发育情况作出鉴定，判断宝宝是否存在发育落后或者超重。

现代社会，肥胖人群

比例逐年递增，这与人群的饮食结构息息相关，宝宝在出生后到 1 岁前这个阶段，味觉发育并不完善，对口味没有过多的要求，所以爸爸妈妈也不应该用大人的口味来给宝宝喂食，以为没有调料的食物宝宝不喜欢吃。其实，过油、高糖及过咸的食物不但会影响宝宝一生的口味习惯，也给宝宝将来的生长发育埋下隐患，间接导致宝宝在成长中发生肥胖、高血压、高血脂及血糖增高。所以，从添加辅食起，我们就应该注意孩子饮食的营养搭配，预防肥胖。在这个阶段的宝宝，大多数已经萌出多颗乳牙了，进食的同时我们也应该引导孩子保护牙齿，可在每天早晨及睡前，用温水浸湿纱布、棉布，对宝宝的牙齿轻轻擦拭，让宝宝对刷牙有初步的认识，也可以让宝宝观察大人的刷牙动作，培养良好的习惯，逐渐替换为用牙刷及儿童可吞食牙膏刷牙。

三、医师家的推荐辅食

主食类

二米粥

材料：大米 25 克、小米 25 克

做法：

1. 将大米和小米淘净，放入锅中，加入适量的清水。
2. 大火烧开后改中小火，熬制 40 分钟左右后关火。
3. 用汤勺盛出适量的米粥，放入宝宝专用碗中放至温热即可。

大米燕麦粥

材料：大米 30 克、燕麦 20 克

做法：

1. 将大米和燕麦淘净，放入锅中，加入适量的清水。
2. 大火烧开后改中小火，熬制 50 分钟左右后关火。
3. 用汤勺盛出适量的燕麦粥，放入宝宝专用碗中，放至温热即可。

营养分析：燕麦属于小麦的一种，除了具有谷类食物共有的营养成分外，亚油酸含量和矿物质含量都很丰富，同时它的不溶性纤维含量也较高，有润肠的功效。两者搭配煮粥熬出的汤汁有天然的香甜口感，可以很好地引起宝宝的食欲。

鸡蛋丝大米粥

材料：大米 50 克、蛋液 20 克、食用油少许

做法：

1. 将大米淘净，放入锅中，加入适量的清水。
2. 大火烧开后改中小火，熬制 40 分钟左右后关火。
3. 锅中放入少许食用油，加热后放入打散的蛋液，摊成薄饼后盛出。
4. 将放温的鸡蛋饼切成细丝。
5. 用汤勺盛出适量的米粥，放入宝宝专用碗中，加入鸡蛋丝拌匀即可。

胡萝卜猪肝粥

材料: 胡萝卜1/4根(约25克)、鲜猪肝 25 克、大米 50 克、姜少许

做法:

1. 将新鲜的猪肝洗净，去掉筋膜和脂肪部分，切成薄片再剁成碎粒，用冷水汆烫至变色后盛出控水。胡萝卜洗净，去皮，切成小碎末，姜切细丝备用。
2. 大米淘净，加入适量的清水，大火烧开后改中小火，熬制 30 分钟之后加入胡萝卜碎、姜丝和汆烫过的猪肝块，再煮 15 分钟左右后关火。
3. 取适量的胡萝卜猪肝粥，盛入宝宝专用碗中，放至温热即可。

牛肉胡萝卜粥

材料：胡萝卜 1/4 根（约 25 克）、大米 50 克、牛肉馅 25 克、食用油少许

做法：

1. 将胡萝卜洗净、去皮，切成小碎末，放入一只干净的蒸碗中。

2. 将蒸碗放在锅中，大火蒸 5~6 分钟后取出，放至温热。

3. 锅中放少许食用油，加入牛肉馅，炒熟后盛出备用。

4. 大米淘净后加入适量的清水，大火烧开后改中小火熬制 40 分钟，之后加入胡萝卜碎和炒熟的牛肉，再煮 10 分钟左右后关火。

5. 取适量的牛肉胡萝卜粥，盛入宝宝专用碗中，放至温热即可。

营养分析：牛肉的蛋白质含量丰富，脂肪含量低，与胡萝卜搭配不但易于营养成分的吸收而且美味。

虾茸青菜小面片

材料：儿童面片 25 克、油菜心 25 克、鲜海虾 2 只（约 30 克）、姜丝、葱丝各少许

做法：

1. 将鲜海虾洗净，去虾头和外壳、挑出虾线，用刀剁成碎块，放入碗中，油菜心洗净，切成细段。

2. 在锅中放入适量的清水，烧开后汆入虾茸和葱丝、姜丝，大火烧开后加入儿童面片，煮三四分钟后放入油菜丝，煮熟后关火。

3. 将煮好的小面片放入宝宝的专用碗中，放温即可。

番茄浓汤鲜虾面

材料：儿童挂面 25 克、番茄 1/2 个（约 50 克）、鲜海虾 2 只（约 30 克）、姜丝、葱丝各少许

做法：

1. 将番茄洗净，放入开水中汆烫片刻后取出放温，将番茄皮剥去，一半切成小块，另一半用辅食机打成番茄泥。

2. 将鲜海虾洗净，去虾头和外壳、挑出虾线，用刀剁成碎块后放入碗中。

3. 在锅中放入适量的清水、番茄泥，大火烧开后小火煮三四分钟。

4. 在锅中汆入虾茸、番茄块和葱丝、姜丝，再次开锅后加入儿童挂面，煮熟后关火。

5. 将煮好的挂面放入宝宝的专用碗中，放温即可。

鸡汤菠菜疙瘩汤

材料：面粉 20 克、菠菜 20 克、葱丝少许、浓鸡汤适量

做法：

1. 菠菜洗净，切成细段。

2. 把面粉放入一个较大些的碗里，将自来水调至最小的水流量，一边滴入碗中一边不停搅拌，直到所有的面粉都变成絮状的小疙瘩。

3. 在锅中放入适量的浓鸡汤和清水，加入葱丝大火烧开，将面疙瘩一点一点拨入锅中。

4. 开锅后加入菠菜细段，再次煮开后关火。

5. 将煮好的鸡汤菠菜疙瘩汤放入宝宝的专用碗中，放温即可。

金银米饭

主料：小米、大米各适量

做法：

1. 将大米和小米以 3 ：1 的配比浸泡备用。

2. 将泡好的大米和小米洗净，放入电饭锅中，加入适量的水蒸熟。

营养分析：在给宝宝食用两种谷物混合制作的米饭时，可适量增加水量，使米饭相对软烂，以利于宝宝的消化和吸收。

三文鱼蔬菜饭

材料：大米 50 克、三文鱼 25 克、油菜 25 克、姜片和料酒少许

做法：

1. 将油菜洗净、择好，切成小段后加入食品料理机，反复搅打成泥。
2. 将大米淘净，放入电饭锅中，加入油菜泥和适量的清水（比正常加水量多 1/3），蒸熟。
3. 将去骨的三文鱼再次检查，确保没有鱼刺后洗净，去鱼皮，切成小块。
4. 将鱼块放入一只干净的碗中，加入少许料酒和姜片腌 10 分钟左右，取出姜片，把料酒控出。
5. 将蒸碗放在锅中，上汽后再大火蒸 7~8 分钟后，取出放至温热，加入食品料理机中，反复搅打成泥。
6. 准备一只干净的碗，盛入适量的软饭后拌入搅打好的鱼泥。
7. 将搅拌均匀的三文鱼蔬菜饭盛入宝宝专用碗中，放至温热即可。

营养分析：三文鱼学名鲑鱼，刺少、肉多且肉质细腻鲜美，含有丰富的不饱和脂肪酸和鱼类中共有的 DHA 等营养成分。油菜含有大量的维生素 C 和矿物质钾、钙、磷、镁、铁等元素。配以 B 族维生素含量丰富的大米制成软饭，口感好，易消化。

南瓜蛋香饼

材料：面粉 100 克、鸡蛋 1 个、南瓜 30 克

做法：

1. 将南瓜洗净、去皮，切成小块，放入一只干净的蒸碗中。

2. 将装有南瓜块的蒸碗放在锅中，大火蒸 7~8 分钟后取出，放至温热，之后加入食品料理机中反复搅打成泥备用。

3. 取一只干净、无油的盆，放入面粉、南瓜泥，磕入鸡蛋，稍作搅拌后加入适量的水，顺同一方向搅拌成糊状。

4. 锅中放入少许食用油后加入面糊，摊成薄饼状，中间翻一次，使两面均匀受热。

5. 烙熟后盛盘放温，放入宝宝的专用碗中即可。

豌豆蛋香饼

材料：面粉 100 克、鸡蛋 1 个、豌豆 30 克、食和油少许

做法：

1. 将鲜豌豆粒放入一只干净的蒸碗中。

2. 将蒸碗放在锅中，大火蒸 5~6 分钟后取出，放至温热，之后加入食品料理机中反复搅打成泥。

3. 准备一块细纱布，将搅打好的豌豆泥包入纱布中，充分挤压滤去豆皮部分。

4. 取一只干净、无油的盆，放入面粉、豌豆泥，磕入鸡蛋，稍做搅拌后加入适量的水，顺同一方向搅拌成糊状。

5. 锅中放入少许食用油后加入面糊，摊成薄饼状，中间翻一次，使两面均匀受热。

6. 烙熟后盛盘放温，放入宝宝的专用碗中即可。

营养分析：豌豆又被称为青豆，富含多种维生素、矿物质和膳食纤维，特别是磷和钾元素含量非常丰富。

西葫芦软饼

材料：面粉 100 克、鸡蛋 1 个、西葫芦 30 克、食用油少许

做法：

1. 将西葫芦洗净，切成细丝，再改刀成碎末备用。
2. 取一只干净、无油的盆，放入面粉、西葫芦碎，磕入鸡蛋稍作搅拌后加入适量的水，顺同一方向搅拌成糊状。
3. 锅中放入少许食用油后加入面糊，摊成薄饼状，中间翻一次，使两面均匀受热。
4. 烙熟后盛盘放温，放入宝宝的专用碗中即可。

营养分析：西葫芦多生长于北方，也是种口感甘甜、适合宝宝的蔬菜。西葫芦中的钙含量高，食用还可起到补充钙元素的作用。

南瓜发糕

材料：玉米面 100 克、标准粉 30 克、南瓜 30 克、蔓越莓干 10 克、干酵母 3 克

做法：

1. 将南瓜洗净、去皮，切成小块，放入一只干净的蒸碗中。蔓越莓干洗净，用清水浸泡备用。

2. 将装有南瓜块的蒸碗放在锅中，大火蒸 7~8 分钟后取出，放至温热，之后加入食品料理机中反复搅打成泥备用。

3. 取一只干净、无油的盆，放入玉米面、标准粉、南瓜泥、干酵母后加入适量的水，揉成面团（要稍微多放一点水，让面团更柔软些），盖上盖子饧发 40 分钟左右。

4. 蒸锅放入适量的水，笼屉上铺好屉布，将饧发好的面团按比锅小一圈的大小均匀地放在屉布上，将泡好的蔓越莓干均匀地放在面团上。

5. 上汽后再大火蒸 25~30 分钟，关火放温，切成小块。

6. 取切好的南瓜发糕放入宝宝的专用碗中即可。

营养分析：蔓越莓干是由鲜蔓越莓（又被称为小红莓）制成，多产自寒冷的北美湿地，维生素 C 含量丰富。南瓜发糕虽然是粗粮主食，但口感香甜，可以很好地引起宝宝的食欲。

薯泥小花卷

材料：红薯 1/4 块（约 50 克）、面粉 100 克、酵母 2 克

做法：

1. 将红薯洗净、去皮，切成小块，放入一只干净的蒸碗中。
2. 将蒸碗放在锅中，大火蒸 5~6 分钟后取出，放至温热，之后加入食品料理机中反复搅打成泥。
3. 取一只干净、无油的盆，放入面粉和酵母，加入适量的水揉成面团，盖上盖子饧发。
4. 饧发至面团是原有的 2 倍大后充分揉匀，之后再饧发 10 分钟左右。
5. 案板上铺撒上面粉，将饧发好的面团放在案板上用力充分揉匀。
6. 将面搓成长条后擀成长饼状，把搅打好的红薯泥均匀地抹在面皮上。
7. 从一端开始卷起，边卷边抻，卷好后分切成 2 厘米左右的小段。
8. 每两段摞在一起，用手从中间部位压紧，两手分别向反向拧成花状。
9. 蒸锅放入适量的水烧开，开水上屉，大火蒸 15 分钟关火，放入宝宝专用碗中放温即可。

枣泥卷

材料：红枣泥 50 克、面粉 100 克、酵母 2 克

做法：

1. 取一只干净、无油的盆，放入面粉和酵母，加入适量的水揉成面团，盖上盖子饧发。
2. 饧发至面团是原有的 2 倍大后充分揉匀，之后再饧发 10 分钟左右。
3. 案板上铺撒上面粉，将饧发好的面团放在案板上，用力充分揉匀，再次排出发酵所产生的气泡。
4. 将面搓成长条后擀成长饼状，把红枣泥（制作方法详见“红枣泥”的步骤说明）均匀地抹在面皮上。
5. 从一端开始卷起，边卷边抻，卷好后分切成 2 厘米左右的小段。
6. 每两段摞在一起，用手从中间部位压紧，两手分别向反向拧成花状。
7. 蒸锅放入适量的水烧开，开水上屉，大火蒸 15 分钟关火后，放入宝宝专用碗中放温即可。

枣蓉包

材料：红枣泥 50 克、面粉 100 克、酵母 2 克

做法：

1. 取一只干净、无油的盆，放入面粉和酵母，加入适量的水揉成面团，盖上盖子饧发。

2. 饧发至面团是原有的 2 倍大后充分揉匀，之后再饧发 10 分钟左右。

3. 案板上铺撒上面粉，将饧发好的面团放在案板上，用力充分揉匀，再次排出发酵所产生的气泡。

4. 将面搓成长条后分成 3 厘米左右的小块，擀成圆饼状，放入适量的红枣泥（制作方法详见“红枣泥”的步骤说明），捏好封口后团成长圆形。

5. 蒸锅放入适量的水烧开，开水上屉大火蒸 15 分钟，关火后放入宝宝的专用碗中放温即可。

小馄饨

材料：面粉 100 克、猪肉馅 50 克、葱末和姜末各少许、儿童酱油少许

做法：

1. 将猪肉馅、葱、姜末放入一只干净的碗中，加入少许儿童酱油和食用油，顺时针搅打均匀后备用。

2. 另准备一只干净的盆，放入面粉后加入适量的清水，揉成面团（以面团不粘盆为准），之后饧 20 分钟左右。

3. 面板上撒少许面粉，将面团擀成薄饼，切成 3 厘米左右的菱形片，之后每片包入适量的肉馅制成小馄饨。

4. 锅中放入清水，烧开后加入馄饨煮熟，放温后盛入宝宝的专用碗中即可。

配菜类

菠菜鸡蛋羹

材料：鸡蛋 1 个、菠菜 25 克、葱花少许

做法：

1. 将鸡蛋磕入一只干净的碗中打散，加入少许的葱花。

2. 菠菜择好、洗净，切成细段后备用。

3. 锅中放入适量清水，大火烧开后放凉。

4. 将凉开水分次、少量倒入打散的鸡蛋中，同时顺时针搅拌均匀（需要加入与鸡蛋等量的水），之后加入菠菜段再次拌匀。

5. 蒸锅上汽后，将调好的盛有菠菜鸡蛋液的碗放入锅中，用中大火蒸 7~8 分钟后关火，再焖 3~4 分钟。

6. 将蒸好的蛋羹取出，放至温热后盛入宝宝的专用的碗中即可。

虾茸鸡蛋羹

材料：鸡蛋 1 个、鲜海虾 1 只（约 15 克）、葱花少许

做法：

1. 鲜海虾洗净，去虾头和外壳、挑出虾线，用刀剁成碎块，放入碗中备用。

2. 将鸡蛋磕入一只干净的碗中打散，加入少许的葱花。

3. 锅中放入适量清水，大火烧开后放凉。

4. 将凉开水分次、少量倒入打散的鸡蛋中，同时顺时针搅拌均匀（需要加入与鸡蛋等量的水），之后加入虾茸拌匀。

5. 蒸锅上汽后，将调好的盛有鸡蛋液的碗放入锅中，用中大火蒸 7~8 分钟后关火，再焖 3~4 分钟。

6. 将蒸好的蛋羹取出，放至温热，盛入宝宝的专用碗中即可。

菠菜猪肝泥

材料：菠菜 25 克、鲜猪肝 25 克

做法：

1. 将鲜猪肝洗净，去掉筋膜和脂肪部分，切成薄片再剁成碎粒，之后放入一只干净的蒸碗中。

2. 将蒸碗放在锅中，用中火蒸 20 分钟左右后取出，放至温热，之后加入食品料理机中反复搅打成泥，放入一只干净的碗中。

3. 菠菜洗净、择好，切成小段放入锅中，锅中加入少许水，中火煮 4~5 分钟后关火。

4. 将煮好的菠菜段放至温热，加入食品料理机中反复搅打成泥，之后放入盛有肝泥的碗中搅拌均匀。

5. 将搅拌好的菠菜猪肝泥放入宝宝的专用碗中即可。

番茄炖豆腐

材料：番茄 1/4 个（约 25 克）、豆腐 25 克

做法：

1. 将番茄洗净，放入开水中汆烫片刻后取出，放温。
2. 将番茄皮剥去，切成小块，豆腐切成小丁备用。
3. 准备一个小煮锅，加入适量的清水、切好的番茄块和豆腐丁，大火烧开改中小火，煮 5~6 分钟后关火。
4. 放至温热后，盛入宝宝的专用碗中即可。

胡萝卜肉末

材料：胡萝卜半根（约 50 克）、肥瘦相间的猪肉 50 克、橄榄油少许

做法：

1. 将胡萝卜洗净、去皮，切成小细末，放入一只干净的蒸碗中。
2. 将蒸碗放入锅中，大火蒸 3~4 分钟后取出。
3. 用食品料理机将肥瘦相间的猪肉绞成肉末备用。
4. 锅中放入少许橄榄油，待油温至四五成后放入猪肉末，中小煸炒至八成熟。
5. 将蒸好的胡萝卜碎放入锅中炒至全熟即可。

鸡茸莲藕饼

材料：鸡胸肉 25 克、莲藕 25 克、面粉少许、小葱少许、食用油少许

做法：

1. 将鸡胸肉洗净，去掉筋膜，剁成泥，放入碗中，小葱切成细末备用。

2. 莲藕去皮，切成块，放入锅中，煮熟后捞出控水，放温后切成小碎末。

3. 取一只干净的碗，放入鸡肉泥、小葱末和莲藕碎，顺时针搅拌，其间可放入少许的面粉使其成为糊状。

4. 锅中放入少许食用油，温热后放入打好的面糊，两面煎至微黄即可。

5. 将煎好的鸡茸莲藕饼放入宝宝的专用盘中放温即可。

营养分析：莲藕为根茎类植物，口感微甜，富含维生素 C 和膳食纤维，同时钾、钙、磷、铁等矿物质含量也很丰富。

鲜虾茸冬瓜

材料：冬瓜 50 克、鲜海虾 2 只（约 30 克）、姜丝少许

做法：

1. 将鲜海虾洗净，去虾头和外壳，挑出虾线，用刀剁成碎块，放入碗中备用。

2. 锅中放入适量清水和少许姜丝，大火烧开后倒入虾块，汆烫之后迅速捞出。

3. 冬瓜洗净，去皮、去籽，切成小块。

4. 将切好的冬瓜块和汆烫好的虾茸放入锅中，加入适量的清水，大火烧开后改中小火，煮至汤汁浓稠后关火（需要煮 7~8 分钟）。

5. 将煮好后的虾茸冬瓜放入宝宝的专用碗中放至温热即可。

营养分析：海虾的营养价值丰富，富含蛋白质、维生素和矿物质钙、磷、铁等元素，且肉质相对松软，易于宝宝消化吸收。冬瓜属葫芦科植物，营养成分全面，特别是钾、磷、镁等矿物质元素含量丰富。

蒸鳕鱼

材料：去骨鳕鱼（约 50 克）、姜片少许、料酒少许

做法：

1. 将去骨鳕鱼再次检查，确保没有鱼刺后洗净，去鱼皮，切成小块。
2. 将鳕鱼块放入一只干净的碗中，加入少许料酒和姜片腌 10 分钟左右，取出姜片，把料酒控出。
3. 将蒸碗放在锅中，上汽后再大火蒸 10 分钟后取出，放至温热。
4. 将放温后的鳕鱼块放入宝宝的专用碗中即可。

营养分析：鳕鱼是一种深海鱼，多产自大西洋，肉质细腻，鱼刺极少且味道清淡鲜美。鳕鱼中富含蛋白质、多种维生素和鱼类中共有的 DHA 等营养成分，非常适合宝宝食用。

果汁及小甜点

草莓汁

材料：草莓 50 克

做法：

1. 将草莓洗净、去蒂，用水果刀切成小块。
2. 把草莓块放入原汁机中榨成草莓汁。
3. 将榨好的草莓汁放入宝宝的专用吸管杯中即可。

营养分析：草莓属蔷薇科草本植物，富含维生素 C、B 族维生素和钾、钙、镁、磷等矿物质。它的肉质细腻、汁水多，口感香甜，餐后食用还有消食的功效。

雪梨水

材料：雪梨 1/2 个（约 50 克）

做法：

1. 将雪梨洗净，削皮、去籽后用水果刀切成小块。
2. 把雪梨块放入锅中，加入适量的清水，大火烧开后改中小火，煮 10 分钟左右后关火。
3. 将煮好的雪梨水放温后，取汤汁部分加入宝宝的专用吸管杯中即可。

草莓酱

材料：草莓 500 克、砂糖 100 克、柠檬 1/4 个

做法：

1. 将草莓洗净、去蒂，盛入一个干净的盆中，加入砂糖腌 40 分钟左右。
2. 把腌好的草莓放入锅中，大火烧开后小火煮 40 分钟左右，其中不停地搅拌。
3. 将 1/4 个柠檬挤出柠檬汁，加入锅中，继续小火煮 10 分钟左右后关火。
4. 将做好的草莓酱盛入干净的容器中密封保存。

山楂果酱

材料：鲜山楂500克、砂糖200克、柠檬1/4个

做法：

1. 将鲜山楂洗净，去蒂、去籽后盛入一个干净的盆中，加入砂糖腌40分钟左右。
2. 把腌好的山楂放入锅中，加入适量的清水（没过山楂即可），大火烧开后小火煮40分钟左右，其中不停地搅拌。
3. 将柠檬挤出柠檬汁，加入锅中，继续小火煮10分钟左右，改大火收汁后关火。
4. 准备一块干净密实的屉布，将煮好的山楂泥倒入滤去山楂皮，之后将山楂泥倒入料理机中再次搅打。
5. 将搅打好的山楂果酱盛入干净的容器中密封保存。

营养分析：山楂属蔷薇科果实，又被称为红果、山里红，口感偏酸，含有丰富的维生素和矿物质，特别是维生素C的含量很高，同时它所含有的脂肪酶可以起到帮助消化的功效。

自制番茄酱

材料：番茄 1 个（约 100 克）、砂糖 20 克

做法：

1. 将番茄洗净，放入开水中氽烫片刻后，取出放温。

2. 先将番茄皮剥去，之后切成小块，将番茄块放入料理机搅打成泥。

3. 把番茄泥放入锅中，加入适量砂糖，大火烧开后改小火煮至黏稠后关火，注意在煮的过程中要不停地搅拌。

4. 将煮好的番茄酱盛入干净的容器中密封保存。

5. 每次取适量喂给宝宝。

红薯球

材料：红薯 1/4 块（约 50 克）

做法：

1. 将红薯洗净、去皮，切成小块，放入一只干净的蒸碗中。
2. 将蒸碗放在锅中，大火蒸 7~8 分钟后取出，放至温热，之后加入食品料理机中反复搅打成泥。
3. 将搅打好的红薯泥用小勺制成球状，放入宝宝的专用碗中即可。

烤红薯

材料：红薯 3~4 个

做法：

1. 红薯洗净，控干表面的水分。
2. 烤箱 200℃预热，烤盘上铺锡纸。
3. 放入红薯，烤制 1 小时，中间打开烤箱门将红薯稍加翻动。

香蕉蛋饼

材料：面粉 100 克、鸡蛋 1 个、香蕉 1/4 根（约 30 克）、食用油少许

做法：

1. 剥开香蕉皮，用干净的勺子将里面的果肉慢慢地刮成泥状，放入碗中备用。
2. 取一只干净无油的盆，放入面粉、香蕉泥，磕入鸡蛋，稍作搅拌后加入适量的水，顺同一方向搅拌成糊状。
3. 锅中放入少许食用油后加入面糊，摊成薄饼状，中间翻一次，使两面均匀受热。
4. 烙熟后盛盘放温，放入宝宝的专用碗中即可。

自制酸奶

材料：配方奶 500 毫升，双歧杆菌 0.5 克

做法：

1. 将奶粉与温水按照配方奶指导配法混合均匀。
2. 将双歧杆菌放入配方奶中，混合均匀。
3. 将混合好的配方奶放入酸奶机中，打开酸奶机，工作 6~8 小时至酸奶凝固。
4. 取出酸奶，分装在干净的小玻璃瓶中，放入冰箱储存。

营养分析：在酸奶发酵过程中乳酸菌还可产生人体所必需的多种维生素，如维生素 B_1、维生素 B_2、维生素 B_6、维生素 B_{12} 等。酸奶还是钙的良好来源。适量饮用酸奶，可以促进宝宝消化功能。应该注意的是，饮用的酸奶应该提前从冰箱中取出回温，避免宝宝食用过凉的酸奶引起腹泻。

四、阳阳的辅食之旅

在阳阳长到快 9 个月的时候，他已经吃过很多种食物了，水果、蔬菜一应俱全，除了米粥，我们也偶尔给他吃些软烂的米饭。这时候他对鸡蛋产生了浓厚的兴趣，于是姥姥把蛋黄掰成小块放到他嘴里，让他“找感觉”，阳阳很快就喜欢上鸡蛋的味道，也会吃一些蛋白，这主要是他的牙齿发育比较早、咀嚼功能发育比较快，所以我们让他尝试自己咀嚼食物。宝宝一旦开始自己嚼东西后就不喜欢米糊一类的食物了，所以我们家的婴儿米粉一直到阳阳 1 岁都没有吃完。当然，并不是所有的孩子都是一个类型，很多宝宝牙齿萌出比较晚，咀嚼功能也就迟缓些，这是孩子生长发育的个体差异，爸爸妈妈无须过多担心，不要总拿“别人家的孩子”来限制自己孩子的成长。书本上的一些条条框框，我们应该掌握基本原则，但是又不能完全照本宣科，我想这就是做家长的艺术吧。

姥姥经常给阳阳蒸鸡蛋羹吃，每次都点上一两滴香油，阳阳爱吃得要命，常常一顿饭就能吃一小碗。在阳阳的饮食方面，无论是姥姥还是爷爷，都尽量变换花样给他做饭，让他的营养吸收更均衡。我们常常在鸡蛋羹中加一些蔬菜末或者鲜虾茸，有的时候还用去油鸡汤来制作鸡蛋羹，尽量避免膳食种类

单一，造成孩子偏食或挑食。

在阳阳10个月以后，每天看姥姥喝酸奶，他都很着急，表现出很馋的样子。于是我开始用配方奶给他制作酸奶。制作的酸奶没有香料、添加剂、增稠剂等，给宝宝食用比较放心。阳阳从一开始每天喝两三勺，到后来已经可以每天喝一小瓶酸奶了。在他1岁以后，我就用普通鲜奶制作酸奶，其实我觉得味道上没有什么区别，只是1岁以内的小宝宝容易发生过敏反应，所以用配方奶相对安全些。

这个阶段，阳阳已经开始吃两顿饭了，配方奶粉量也变成了每天早晚各一次。每天中午和晚上，他都会“上桌”跟大家一起进餐，我也要求家人在吃饭时尽量避免同时做其他事情，我们不看电视或者聊天，就是专心吃饭，为的就是让阳阳培养良好的进餐习惯，避免将来边吃边玩的现象发生。

阳阳的自我保护意识很强，对于没有尝过的味道，第一口总是要吐出来，并且用眼睛看着我，好像在询问我，征得我的同意才能吃一样。每当这个时候，我总是耐心地跟他讲出食物的名字，然后用尽可能生动的语言来形容食物的味道，比如甜甜的、酸甜的，或者酸酸的等。听了我的讲解，阳阳就会放心地吃掉碗里的食物。语言传达给孩子，让他自己来品尝食物的味道，更能加深他的理解。

随着一天一天地长大，阳阳能吃更多种类的东西了，只不过在制作方面我们还是很严格地执行少糖、无盐，而且尽可能做成方便他咀嚼的形式，比如把鲜肉绞成肉馅，蔬菜切成细末，菜品制作尽可能软烂。因为这个阶段的孩子再怎样发育，也都处于辅食阶段，基本原则不能丢。

我始终认为，孩子虽然很小，但是他自己是具有一定理解力、模仿力及辨别力的，对于家长说给他听或者教他做的事情，他会有自己的体会。宝宝出生后就仿佛一张白纸，第一笔并不是他自己写上去的，绝大多数宝宝的第一笔是他的父母写上去的，我们写上了什么，将来就会直接影响他的一生。民以食为天，吃好饭才能做好事，营养全面均衡才能有好的身体，才能给他们的将来打下坚实的基础，才能培养他们一生良好的饮食习惯。好的习惯会跟随他们一生，健康的身体会伴随他们走很远的路，所以，我们作为父母，肩上的职责确实重大，虽然辅食喂养只占据宝宝一生当中很少的一段时光，但仍然不能小看宝宝添加辅食的重要性。

这就是阳阳这一生的辅食之旅，充满了幸福和甜蜜的回忆，我想，这样的时光，我会怀念一辈子。

第六章 常用的辅食制作工具和餐具

在宝宝添加辅食后，就应该给他们准备一些特有的餐具和工具。当然，这类工具有很多，没有必要全部买回家，应该根据自身需求来选择购买。比如家里已经有食品料理机了，就可以省略辅食机，可以用锅蒸熟饭菜再用食品料理机处理。辅食工具的品牌很多，可以根据不同的需求购买，但是应该注意质量安全，因为大部分的宝宝餐具都是塑料质地的，所以更加需要参考厂家、产地等多种因素。

在卫生方面，爸爸妈妈应该特别注意，宝宝的餐具应该单独放置，避免潮湿、密闭，防止细菌滋生。可以定期给餐具高温消毒。家长不应用孩子的餐具就餐。在给宝宝喂饭的时候，很多家长都喜欢吹一吹，其实这是不可取的，因为成人口腔中的细菌可以通过飞沫传播的方式传给宝宝，如果家长有龋齿，更容易导致孩子发生龋齿。正确的方法是自然凉凉，至食物温热后再给宝宝喂食。

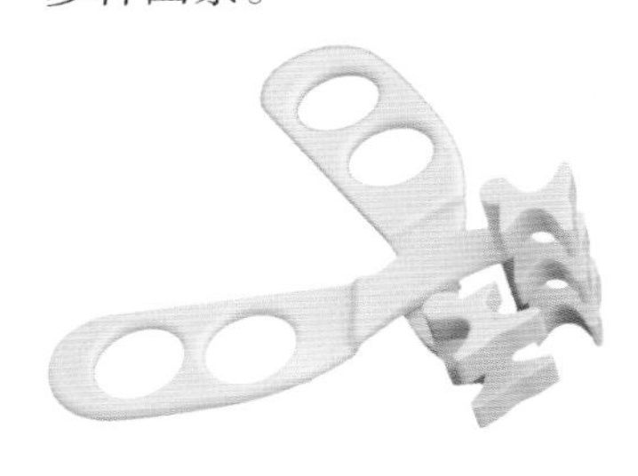

辅食剪

在给宝宝煮面条后，辅食剪可以将面条剪碎，利于宝宝食用，干净卫生，每次用完应注意清洁。

辅食勺

平头软勺更利于刚刚开始添加辅食的宝宝，因为他们的咀嚼功能还不完善，很容易咬到勺子，如果用金属勺子容易造成宝宝牙龈及口腔黏膜的损伤。

宝宝练习勺

“短柄歪脖”是勺子的特点，这样的设计更利于宝宝的持握，方便宝宝自己把饭送到嘴里。适合 1 岁半及以上的宝宝开始学习自己吃饭。

辅食碗

宝宝的碗应与大人的碗分开，每次用完应该充分清洗、晾干。儿童辅食碗通常色彩鲜艳，能够引起宝宝的食欲，不含 BPA，塑料质地不怕宝宝摔打。

辅食研磨碗

可以简单研磨食物，但是成品比较粗糙，不适合刚刚开始添加辅食的宝宝。

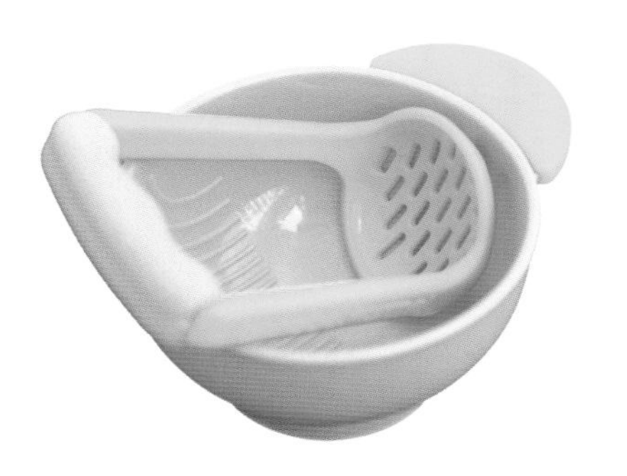

辅食盒

不含 BPA，密闭性好，可以冷冻，给宝宝制作辅食时可以同时制作出几份，放入冰箱冷冻，下次吃的时候一定要充分加热。

保温餐盘

与普通分隔盘不同的是，此类餐盘底部可以注入开水，从而使饭菜保温，避免宝宝因为进餐时间较长而导致饭菜容易凉。

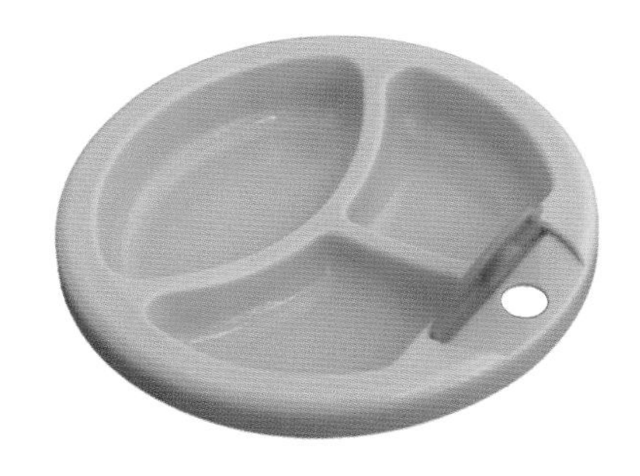

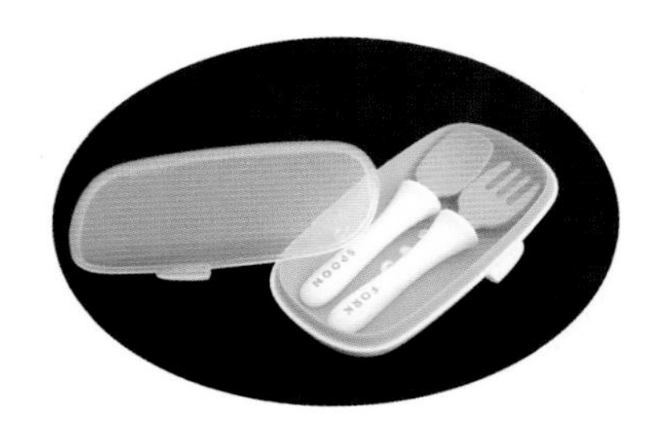

便携餐具

带宝宝外出时，宝宝的餐具应该有专门的容器来放置，这样的便携餐具更加方便携带，专门的包装盒保证餐具卫生。建议定期清洗、晾干，以防止密闭储存导致细菌滋生。

防滑餐碗

底部有防滑盘，适合宝宝自己进餐，防滑设计可以避免宝宝使用时发生“打滑”情况。

分隔盘

宝宝的日常餐盘通常是卡通造型，可以引起宝宝的兴趣。同时可以对饭菜或零食加以区分。

组合餐具

盘子和饭碗一应俱全，密闭性好。

辅食机

可以蒸制食物，同时具备食物料理机功能，方便制作各种菜泥和果泥等。

第七章
宝宝生病时的喂养及养护

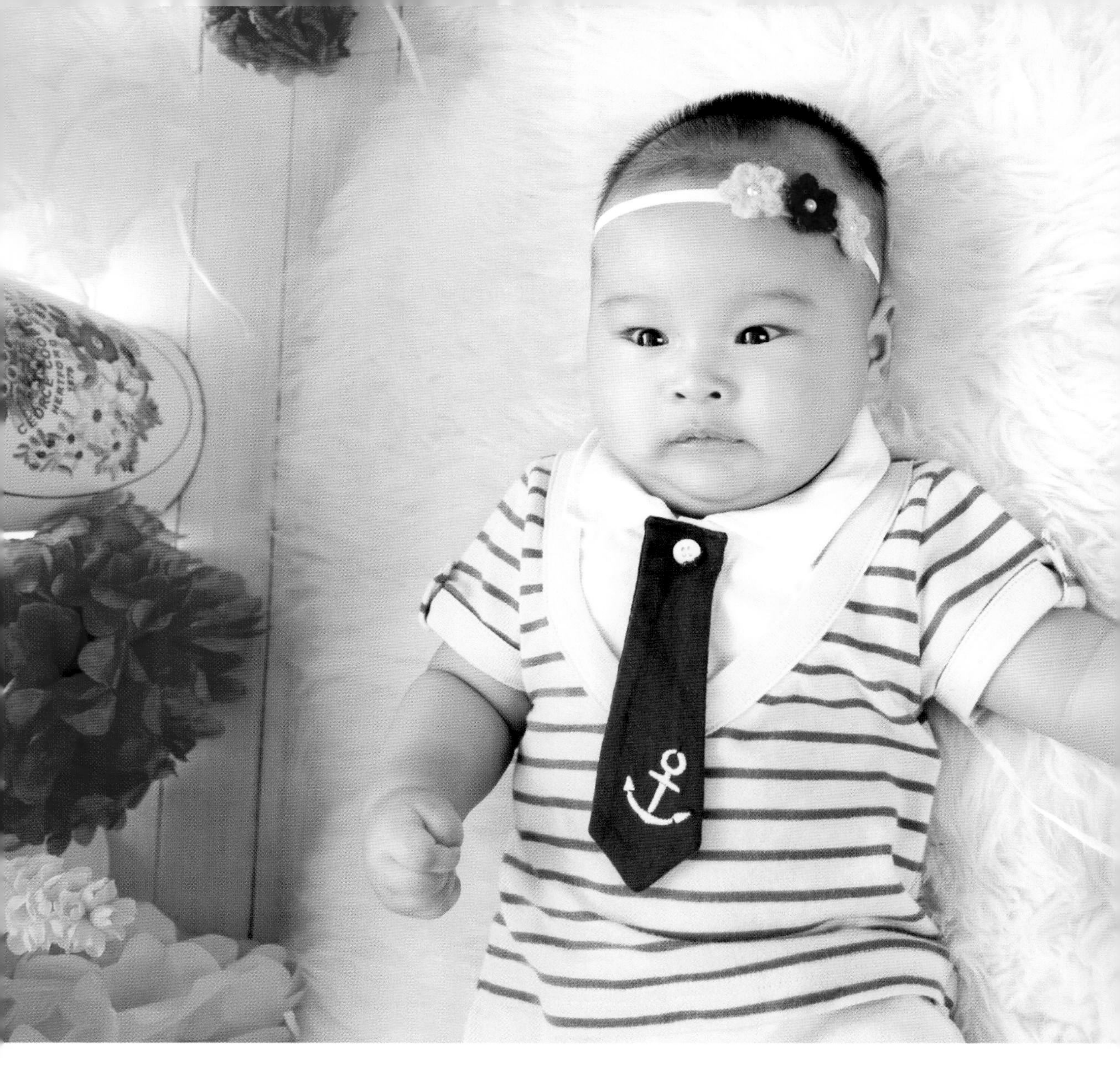

随着妈妈们对母乳喂养意识的提高，现在大部分的宝宝在出生后都会进行母乳喂养或者混合喂养。在宝宝出生后，部分抗体以及大部分营养可由母乳获得，这个阶段宝宝的抵抗力相对较好。6个月的宝宝由于从母体带来的部分抗体慢慢消失，容易生病。在宝宝添加辅食后及断奶后，全部营养均需要他自己摄入及代谢，而宝宝年龄小，抵抗力相对弱，就容易患病。

一、消化不良

对于1岁以内的宝宝来说，他们的肠道发育尚不完全，消化和吸收的功能还没有完全成熟，这个阶段是很容易发生消化不良症状的。腹泻、便秘以及积食都是宝宝常见的表现。

宝宝腹泻，在夏秋季节发病率最高，其发病原因主要为细菌感染及轮状病毒感染。如果在添加辅食阶段出现喂养不当，也同样会导致宝宝腹泻。在添加辅食的过程中，妈妈们应注意保证食材的新鲜，尽可能不让宝宝吃“隔夜饭”。如果一次性制作较多辅食，应该放入干燥清洁的辅食盒，密封后冷冻保存。有些妈妈认为，制作好的辅食已经是熟的了，下次从冰箱解冻后直接就可以给宝宝吃了，其实这样做很容易导致宝宝腹泻。从冰箱取出的食物，不管是冷藏还是冷冻，可以蒸也可以煮，但都应该保证再次加热至完全熟透，才可以给宝宝喂食。在宝宝的餐具清洁方面，爸爸妈妈也该多注意，保证每次进餐后充分洗净污渍油腻，在下次进餐之前应该充分控干水，避免生水和食物混合后喂给宝宝，从而导致宝宝腹泻。在添加辅食的过程中每天都应该观察宝宝的大便性状，如果出现腹泻，应该观察大便内是否存在脓血及消化不良的食物残渣。及时根据宝宝排便的情况调整添加辅食的种类，如果宝宝已经出现大便偏稀，则应该尽量避免食用香蕉、富含纤维的蔬菜、杂粮等。

有一部分宝宝在添加辅食后会出现便秘的症状，少部分宝宝便秘的情况比较严重，需要就医才能解决排便问题。如果宝宝是配方奶粉喂养，应该及时给宝宝喂水以避免便秘的发生。在添加辅食后应该观察宝宝的大便性状，保证每天足量饮水，并添加部分杂粮比如红薯、南瓜，以及菜叶子等（具体应参考宝宝的出牙情况）。此外，可以轻轻按摩宝宝的腹部以帮助排便。在宝宝排便过程中也应该给予正确引导，不要边排便边玩，这样容易分散宝宝的注意力，从而导致排便不畅。如果确实存在严重的排便困难，建议及时去医院就诊，由专科医师给予及时干预，防止不良反应的发生。

宝宝积食是幼儿及儿童常见的消化不良表现之一，常见表现为腹胀、呕吐、发热、口腔异味、精神不振等。在添加辅食的过程中，应避免食量过大，不要强迫宝宝进食。有些父母觉得宝宝不懂是否吃饱，其实宝宝饿了自然会有觅食的表现，除了规律的进餐习惯外，也应该遵循宝宝的生理表现。在辅食添加过程中也应该做到循序渐进，避免过快、过急、过多。此外，也可以对宝宝进行“捏脊”等中医手段按摩。需要提醒家长的是，每个宝宝都是独立的个体，在添加辅食的过程中不能完全按照书本上的指导，应该注意观察自己宝宝的生活习惯及身体条件，做到相互“磨合”，逐渐培养起宝宝良好的进食习惯。

二、感冒、发热

宝宝从出生到 1 岁这段时间，可以比喻成一辆新车的上路，所有的“零件”都需要磨合。在这段时间内，宝宝对外界的抵抗力相对较差，有些宝宝一有“风吹草动”，就会生病，轻者感冒，严重者甚至出现咳嗽、发热等症状。其实，这跟宝宝比较小、抵抗力相对较差有关。另外，在护理方面，家长们也要多注意，比如控制室内温度及湿度，避免过冷或过热，及时增减衣物，避免睡眠时受凉等。

在宝宝感冒、咳嗽及发热时，饮食方面也应该多加注意，避免过多进食肉类或鱼虾类食物，防止宝宝因积食导致发热加重。应该适量多给宝宝喂水，此外，饮食方面应以清淡为主，可以适当增加维生素摄入量，比如鲜榨果汁等。对于咳嗽及有痰的宝宝，可以喂食煮梨水或蒸梨当作加餐水果。

如果宝宝存在发热症状，家长应该注意

不要给宝宝穿着过多或盖厚被子，发热后体温是需要通过对流来散热的，过多地“捂着”宝宝是达不到退热效果的。宝宝被捂出汗也很容易再次受凉。正确的做法是让宝宝以大人的体感来着装，就是说爸爸妈妈穿什么，也给宝宝穿什么就可以了，但是需要注意避免直对着风吹。还可以给宝宝用温水擦浴，对于腋下、腹股沟、脖子两侧这样血管搏动较为明显的地方重点擦浴，来达到退热的效果。如果体温超过38.5℃，或者宝宝出现精神萎靡、不思饮食等表现，应该应用退热药物或者到医院儿科就诊，由专科医师给予相应的治疗。

三、过敏

在宝宝添加辅食的阶段，是比较容易出现过敏反应的。宝宝由完全进食母乳或配方奶粉，逐渐过渡到像成人一样摄入多种饮食，不论从宝宝的心理还是生理方面都是需要适应的。有些食物本身容易导致过敏，也有些宝宝天生即为过敏体质，所以在宝宝添加辅食过程中，我们应该细心察觉，及时发现，避免由于过敏导致更严重的不良反应发生。

在添加辅食的时候，家长应该注意避免在宝宝没有接触过的食物中选择多种食物混合制作。这样，即便发生了过敏，爸爸妈妈们也很难及时发现到底是哪一种食物导致宝

宝过敏。所以，正确的添加方式是“从一种到多种，从单一到混合”。比如先给宝宝吃胡萝卜 2~3 天，确定没有过敏反应发生，再给宝宝吃土豆 2~3 天，此期间不要进食其他辅食。观察宝宝是否存在过敏反应，如果没有，则可以将胡萝卜和土豆混合制作后喂给宝宝。

宝宝一旦出现过敏反应，轻者常见皮疹，伴有瘙痒，这时候应该立刻停止进食可疑食物，动态观察皮疹情况，如果没有消退，甚至越来越多，则应该及时就医。严重过敏反应的宝宝可能会出现喉头水肿等危及生命的情况，这时候我们需要立刻到有条件收治婴幼儿的医院就诊，给予抗过敏治疗。

四、湿疹

婴儿湿疹多发生于 2 个月至 2 岁的婴儿，好发部位为面颊部、前额、下颌部及耳后等。常见表现为红斑基础上的丘疹、疱疹等。与宝宝的体质有关，反复发作，常常影响宝宝休息及生长发育。引起湿疹的原因很多，常见于过敏引起。宝宝的皮肤角质层较薄，且皮下毛细血管丰富，稍有诱因即可产生湿疹。所以在护理方面，爸爸妈妈应该注意勤观察，发现湿疹可用药膏涂抹患处。在饮食上，添加辅食的过程中食物品种应该相对单一，确定没有过敏反应后再循序渐进地添加其他辅食。如果宝宝已经出现湿疹，应避免进食鱼

虾类食物或刺激性较强的食物，以防止湿疹加重。应该给患儿多增加富含维生素类的食物，饮食宜清淡。吃完饭后应该用清洁的手帕或毛巾对宝宝口周的食物残渣擦拭，避免食物残留引起皮肤敏感。母乳喂养的宝宝，妈妈的饮食是有要求的，如果妈妈不注意自己的饮食，经常进食一些刺激性食物或者鱼、虾、蟹类食物，也是会引起宝宝产生湿疹的。此外，对于湿疹的宝宝，洗澡频率可以相对放缓些，避免洗澡过勤，或者洗澡水过热而引起湿疹加重。在宝宝湿疹药膏的选择上，不应该盲目应用含有激素类的药膏，可以到医院儿科由专科医师给予指导。

五、贫血

宝宝在 1 岁以内有 2 个生长高峰。第一个是 5~6 个月，第二个为 1 周岁。这两个阶段宝宝的发育速度分别是出生时候的 2 倍和 3 倍。身体所需的营养成分也相应地更高。所需的铁增加，而由母体带来的铁随着生长发育慢慢消耗，部分宝宝会出现贫血的症状。铁是合成血色素的重要原料，人体内铁的来源主要是食物以及衰老的红细胞破坏后所释放出的铁。宝宝出现缺铁性贫血的常见原因有：铁的摄入量不足以及某些原因导致铁的消耗过多等。轻度贫血可以通过调整辅食结构来改善，例如适量增加动物肝脏类食物等，维生素 C 是促进铁吸收的好帮手，所以可以适当增加水果及富含维生素 C 的蔬菜摄入。如果宝宝出现较为严重的贫血症状应该遵循医嘱，及时治疗。

附录

营养成分表 1 谷物类

玉米面的主要营养成分表（以每 100 克可食部分计算）

营养成分		含量
蛋白质		8.1 克
维生素	维生素 A	7 微克 RE
	胡萝卜素	40 微克
矿物质	钾	249 毫克
	钙	22 毫克
	磷	196 毫克

注：RE 为视黄醇当量

小麦粉（标准粉）的主要营养成分表（以每 100 克可食部分计算）

营养成分		含量
蛋白质		11.2 克
碳水化合物		73.6 克
矿物质	钾	190 毫克
	磷	188 毫克
	钙	31 毫克
	镁	50 毫克
	铁	3.5 毫克
	锌	1.64 毫克

粳米粥的主要营养成分表（以每 100 克可食部分计算）

营养成分		含量
蛋白质		1.1 克
矿物质	磷	20 毫克
	钾	13 毫克

小米粥的主要营养成分表（以每 100 克可食部分计算）

营养成分		含量
蛋白质		1.4 克
矿物质	钙	10 毫克
	磷	32 毫克
	钾	19 毫克
	镁	22 毫克

米饭（蒸）的主要营养成分表（以每 100 克可食部分计算）

营养成分		含量
蛋白质		2.6 克
矿物质	磷	62 毫克
	镁	15 毫克
	钾	30 毫克
	铁	1.3 毫克
	锌	0.92 毫克

营养成分表 2 蔬菜类

番茄的主要营养成分表（以每 100 克可食部分计算）

营养成分		含量
维生素	维生素 A	92 微克 RE
	胡萝卜素	550 微克
	维生素 C	19 毫克
矿物质	钾	163 毫克
	磷	23 毫克
	铁	0.4 毫克

甘蓝的主要营养成分表（以每100克可食部分计算）

营养成分		含量
维生素	维生素A	12微克RE
	胡萝卜素	70微克
	维生素C	40毫克
矿物质	钾	124毫克
	钙	49毫克
	磷	26毫克
	铁	0.6毫克

豆薯类（凉薯、地瓜、沙葛）的主要营养成分表（以每100克可食部分计算）

营养成分		含量
维生素	维生素C	13毫克
	维生素E	0.86毫克
矿物质	钾	111毫克
	钙	21毫克
	镁	14毫克
	磷	24毫克

油菜的主要营养成分表（以每100克可食部分计算）

营养成分		含量
维生素	维生素A	103微克RE
	胡萝卜素	620微克
	维生素C	36毫克
矿物质	钾	210毫克
	钙	108毫克
	磷	39毫克
	镁	22毫克
	铁	1.2毫克

胡萝卜的主要营养成分表（以每 100 克可食部分计算）

营养成分		含量
维生素	维生素 A	688 微克 RE
	胡萝卜素	4130 微克
矿物质	钾	190 毫克
	钙	32 毫克
	磷	27 毫克
	铁	1.0 毫克

茄子的主要营养成分表（以每 100 克可食部分计算）

营养成分		含量
维生素	维生素 E	1.13 毫克
矿物质	钾	142 毫克
	钙	24 毫克
	磷	23 毫克

大白菜的主要营养成分表（以每 100 克可食部分计算）

营养成分		含量
维生素	维生素 A	20 微克 RE
	胡萝卜素	120 微克
	维生素 C	31 毫克
	维生素 E	0.76 毫克
矿物质	钙	50 毫克
	磷	31 毫克
	镁	11 毫克
	铁	0.7 毫克
	硒	0.49 微克

小白菜的主要营养成分表（以每100克可食部分计算）

营养成分		含量
蛋白质		1.5克
维生素	维生素A	280微克RE
	胡萝卜素	1680微克
	维生素C	28毫克
矿物质	磷	36毫克
	钙	90毫克
	钾	178毫克

西葫芦的主要营养成分表（以每100克可食部分计算）

营养成分		含量
维生素	维生素C	6毫克
矿物质	钾	92毫克
	磷	17毫克
	钙	15毫克
	铁	0.3毫克
	硒	0.28微克

西蓝花的主要营养成分表（以每100克可食部分计算）

营养成分		含量
蛋白质		4.1克
维生素	维生素A	1202微克RE
	胡萝卜素	7210微克
矿物质	磷	72毫克
	钙	67毫克

苋菜（紫）的主要营养成分表（以每 100 克可食部分计算）

营养成分		含量
维生素	维生素 A	248 微克 RE
	胡萝卜素	1490 微克
	维生素 C	30 毫克
矿物质	钾	340 毫克
	钙	178 毫克
	磷	63 毫克

山药的主要营养成分表（以每 100 克可食部分计算）

营养成分		含量
蛋白质		1.9 克
碳水化合物		12.4 克
维生素	维生素 E	0.24 毫克
	胡萝卜素	20 微克
矿物质	钙	16 毫克
	磷	34 毫克
	钾	213 毫克
	镁	20 毫克

莲藕的主要营养成分表（以每 100 克可食部分计算）

营养成分		含量
蛋白质		1.9 克
碳水化合物		12.4 克
维生素	维生素 C	44 毫克
矿物质	钾	243 毫克
	磷	58 毫克
	钙	39 毫克
	铁	1.4 毫克

南瓜的主要营养成分表（以每100克可食部分计算）

营养成分		含量
维生素	维生素A	148微克RE
	胡萝卜素	890微克
	维生素C	8毫克
矿物质	钾	145毫克
	钙	16毫克
	磷	24毫克

豌豆（带荚）的主要营养成分（以每100克可食部分计算）

营养成分		含量
蛋白质		7.4克
碳水化合物		21.2克
维生素	维生素A	37微克RE
	胡萝卜素	220微克
	维生素C	14毫克
矿物质	钾	332毫克
	钙	21毫克
	磷	127毫克
	镁	43毫克

玉米（鲜）的主要营养成分（以每100克可食部分计算）

营养成分		含量
蛋白质		4.0克
碳水化合物		22.8克
维生素	维生素C	16毫克
	维生素E	0.46毫克
矿物质	磷	117毫克
	钾	238毫克
	镁	32毫克

菠菜的主要营养成分表（以每 100 克可食部分计算）

营养成分		含量
维生素	维生素 A	487 微克 RE
	胡萝卜素	2920 微克
	维生素 C	32 毫克
矿物质	钾	311 毫克
	钙	66 毫克
	镁	58 毫克
	磷	47 毫克
	铁	2.9 毫克

冬瓜的主要营养成分表（以每 100 克可食部分计算）

营养成分		含量
维生素	维生素 A	13 微克 RE
	胡萝卜素	80 微克
	维生素 C	18 毫克
矿物质	钾	78 毫克
	钙	19 毫克
	磷	12 毫克

营养成分表 3 水果类

鳄梨的主要营养成分表（以每 100 克可食部分计算）

营养成分		含量
脂肪		15.3 克
蛋白质		2.0 克
维生素	维生素 A	61 微克 RE
	维生素 C	8 毫克

营养成分		含量
矿物质	钾	599 毫克
	磷	41 毫克
	镁	39 毫克
	钙	11 毫克

苹果的主要营养成分表（以每 100 克可食部分计算）

营养成分		含量
维生素	钾	119 毫克
	磷	12 毫克
	铁	0.6 毫克
	锌	0.19 毫克

香蕉的主要营养成分表（以每 100 克可食部分计算）

营养成分		含量
维生素	维生素 C	8 毫克
矿物质	钾	256 毫克
	镁	43 毫克
	磷	28 毫克
	硒	0.87 微克
	锌	0.18 毫克

柑橘的主要营养成分表（以每 100 克可食部分计算）

营养成分		含量
维生素	维生素 A	148 微克 RE
	胡萝卜素	890 微克
	维生素 C	28 毫克
矿物质	钾	154 毫克
	钙	35 毫克
	磷	18 毫克

雪花梨的主要营养成分表（以每 100 克可食部分计算）

营养成分		含量
维生素	维生素 A	17 微克 RE
	胡萝卜素	100 微克
	维生素 C	4 毫克
矿物质	钾	85 毫克
	镁	10 毫克
	磷	6 毫克
	钙	5 毫克

橙子的主要营养成分表（以每 100 克可食部分计算）

营养成分		含量
维生素	维生素 A	27 微克 RE
	胡萝卜素	160 微克
	维生素 C	33 毫克
矿物质	钾	159 毫克
	钙	20 毫克
	磷	22 毫克
	镁	14 毫克

石榴的主要营养成分表（以每 100 克可食部分计算）

营养成分		含量
维生素	维生素 C	9 毫克
	维生素 E	4.91 毫克
矿物质	钾	231 毫克
	磷	71 毫克
	钙	9 毫克
	镁	16 毫克

西瓜的主要营养成分表（以每 100 克可食部分计算）

营养成分		含量
维生素	维生素 A	75 微克 RE
	胡萝卜素	450 微克
	维生素 C	6 毫克
矿物质	钾	87 毫克
	磷	9 毫克
	镁	8 毫克
	钙	8 毫克

枣（干）的主要营养成分表（以每 100 克可食部分计算）

营养成分		含量
维生素	维生素 A	2 微克 RE
	胡萝卜素	10 微克
	维生素 C	14 毫克
	维生素 E	3.04 毫克
矿物质	钾	524 毫克
	钙	64 毫克
	磷	51 毫克
	镁	36 毫克
	铁	2.3 毫克

草莓的主要营养成分表（以每 100 克可食部分计算）

营养成分		含量
维生素	维生素 A	5 微克 RE
	胡萝卜素	30 微克
	维生素 C	47 毫克
矿物质	钾	131 毫克
	镁	12 毫克
	磷	27 毫克
	钙	18 毫克

红果的主要营养成分表（以每 100 克可食部分计算）

营养成分		含量
维生素	维生素 A	17 微克 RE
	胡萝卜素	100 微克
	维生素 C	53 毫克
	维生素 E	7.32 毫克
矿物质	钾	299 毫克
	镁	19 毫克
	磷	24 毫克
	钙	52 毫克

营养成分表 4 肉、蛋、奶类

瓦罐鸡汤（汤）的主要营养成分表（以每 100 克可食部分计算）

营养成分		含量
维生素	钾	39 毫克
	磷	20 毫克
	钙	2 毫克
	镁	5 毫克

鸡蛋的主要营养成分表（以每 100 克可食部分计算）

营养成分		含量
蛋白质		13.3 克
维生素	维生素 A	234 微克 RE
	维生素 E	1.84 毫克
矿物质	钾	154 毫克
	磷	130 毫克

营养成分		含量
矿物质	钙	56 毫克
	硒	14.34 微克
	镁	10 毫克

猪肝的主要营养成分表（以每 100 克可食部分计算）

营养成分		含量
维生素	维生素 A	4972 微克 RE
	维生素 C	20 毫克
矿物质	钾	235 毫克
	磷	310 毫克
	铁	22.6 毫克

猪肉（里脊）的主要营养成分表（以每 100 克可食部分计算）

营养成分		含量
蛋白质		20.2 克
维生素	维生素 A	5 微克 RE
	维生素 E	0.59 毫克
矿物质	钾	317 毫克
	磷	184 毫克
	镁	28 毫克
	钙	6 毫克

猪肉的主要营养成分表（以每 100 克肥瘦相间可食部分计算）

营养成分		含量
脂肪		37 克
蛋白质		13.2 克
矿物质	钾	204 毫克
	磷	162 毫克
	镁	16 毫克
	硒	11.97 微克

牛肉（肥瘦）的主要营养成分表（以每 100 克可食部分计算）

营养成分		含量
蛋白质		19.9 克
矿物质	钾	216 毫克
	磷	168 毫克
	镁	20 毫克
	钙	23 毫克

鸡胸脯肉的主要营养成分表（以每 100 克可食部分计算）

营养成分		含量
蛋白质		19.4 克
维生素	维生素 A	16 微克 RE
	维生素 E	0.22 毫克
矿物质	钾	338 毫克
	磷	214 毫克
	钙	3 毫克
	硒	10.5 微克

海虾的主要营养成分表（以每 100 克可食部分计算）

营养成分		含量
蛋白质		16.8 克
维生素	维生素 E	2.79 毫克
矿物质	钾	228 毫克
	钙	146 毫克
	磷	196 毫克
	镁	46 毫克
	铁	3.0 毫克

鳕鱼的主要营养成分表（以每 100 克可食部分计算）

营养成分		含量
蛋白质		20.4 克

营养成分		含量
维生素	维生素 A	14 微克 RE
矿物质	钾	321 毫克
	镁	84 毫克
	钙	42 毫克
	硒	24.8 微克
	磷	232 毫克

鲑鱼的主要营养成分表（以每 100 克可食部分计算）

营养成分		含量
蛋白质		17.2 克
维生素	维生素 A	45 微克 RE
矿物质	钾	361 毫克
	镁	36 毫克
	硒	29.47 微克
	磷	154 毫克

营养成分表 5 豆制品类

豆腐（南）的主要营养成分表（以每 100 克可食部分计算）

营养成分		含量
蛋白质		6.2 克
维生素	维生素 E	3.62 毫克
矿物质	钾	154 毫克
	钙	116 毫克
	磷	90 毫克
	镁	36 毫克
	铁	1.5 毫克